高等职业教育精品示范教材（电子信息课程群）

# 数据结构（C 语言版）
## （第三版）

主　编　库　波　曹　静

副主编　汪晓青　余恒芳

主　审　王路群

中国水利水电出版社
www.waterpub.com.cn

# 内 容 提 要

　　本书介绍了数据结构的基本概念和基本算法。全书共分为 9 章，主要内容包括：绪论、线性表、栈和队列、串、递归、树、图、查找、排序等。各章中所涉及的数据结构与算法均给予了 C 语言描述（所有程序都运行通过），以便于读者巩固和提高运用 C 语言进行程序设计的能力与技巧。

　　本书在内容的选取、概念的引入、文字的叙述以及例题和习题的选择等方面，都力求遵循面向应用、结构合理、由浅入深、循序渐进、便于自学的原则，突出其实用性与应用性。

　　本书为高职高专计算机专业教材，也适合作为各校非计算机专业辅修计算机专业课程的教材，还可以供一切从事计算机软件开发的科技人员自学参考。

## 图书在版编目（ＣＩＰ）数据

数据结构：C语言版 / 库波，曹静主编. -- 3版
. -- 北京：中国水利水电出版社，2015.11
高等职业教育精品示范教材. 电子信息课程群
ISBN 978-7-5170-3772-9

Ⅰ. ①数… Ⅱ. ①库… ②曹… Ⅲ. ①数据结构－高
等职业教育－教材②C语言－程序设计－高等职业教育－教
材 Ⅳ. ①TP311.12②TP312

中国版本图书馆CIP数据核字(2015)第255982号

策划编辑：祝智敏　责任编辑：陈 洁　加工编辑：王凤洁　封面设计：李 佳

| 书　　名 | 高等职业教育精品示范教材（电子信息课程群）<br>数据结构（C 语言版）（第三版） |
| --- | --- |
| 作　　者 | 主　编　库 波 曹 静<br>副主编　汪晓青 余恒芳<br>主　审　王路群 |
| 出版发行 | 中国水利水电出版社<br>（北京市海淀区玉渊潭南路 1 号 D 座　100038）<br>网址：www.waterpub.com.cn<br>E-mail：mchannel@263.net（万水）<br>　　　　sales@waterpub.com.cn<br>电话：(010) 68367658（发行部）、82562819（万水） |
| 经　　售 | 北京科水图书销售中心（零售）<br>电话：(010) 88383994、63202643、68545874<br>全国各地新华书店和相关出版物销售网点 |
| 排　　版 | 北京万水电子信息有限公司 |
| 印　　刷 | 三河市铭浩彩色印装有限公司 |
| 规　　格 | 184mm×240mm　16 开本　15.5 印张　339 千字 |
| 版　　次 | 2002 年 2 月第 1 版　2002 年 2 月第 1 次印刷<br>2015 年 11 月第 3 版　2015 年 11 月第 1 次印刷 |
| 印　　数 | 0001—3000 册 |
| 定　　价 | 32.00 元 |

# 再版前言

随着信息技术的发展和普及，作为高等教育的一种类型，高职高专教育更强调工程化和职业化教育——学生不仅应具有基本的专业理论知识，更重要的是应具有过硬的专业技能和工程能力。目前学生对数据结构知识的掌握和应用能力与企业用人的需求还存在很大差异，传统的教学模式和教学内容无法满足学生职业发展的需要。因此，有必要加强在校大学生对计算机编程能力的训练，最终达到提高学生职业素质的目的。

鉴于此，编者联合组织十余所院校的多位计算机教育一线专家及企业行业一线工程人员，共同编写了这本《数据结构》（C 语言版）（第三版）。

本书主要培养学生分析数据、组织数据的能力，告诉学生如何编写效率高、结构好的程序。本书在内容的选取、概念的引入、文字的叙述以及例题和习题的选择等方面，都力求遵循面向应用、结构合理、由浅入深、循序渐进、便于自学的原则，突出其实用性与应用性。

## 一、教材特色

● 由浅入深，深入浅出

本书在基本概念、基本理论阐述方面注重科学严谨，同时对新概念的引入均以应用实例开始，对各种基本算法描述尽量详细，叙述清晰。

● 循序渐进，通俗易懂

内容简明，图文并茂；案例讲解通俗易懂；步骤详尽，方便操作；知识点明确，方便查阅。

● 资源开放，网站支撑

门户网站提供教学内容、教学设计、教学资源、实践教学、案例库、在线考试等功能，方便师生利用网络环境进行学习与交流。

## 二、内容介绍与教学建议

全书共分 9 章。第 1 章主要讲述数据结构和算法的基本概念。第 2～7 章分别讲述线性表、栈和队列、串、递归、树和图这几种基本数据结构的特点、存储方法和基本运算，书中安排了相当多的篇幅来介绍这些基本数据结构的实际应用。第 8 章和第 9 章讲述查找和排序的基本原理与方法。各章中所涉及的数据结构与算法，均给予了 C 语言描述，以便于读者巩固和提高运用 C 语言进行程序设计的能力与技巧。

本书的内容结构如下：

第 1 章：主要介绍数据结构基础知识；

第 2 章：主要介绍线性表；

第 3 章：主要介绍栈和队列；

第 4 章：主要介绍串及其基本操作；

第 5 章：主要介绍递归；

第 6 章：主要介绍树及二叉树的基本操作；

第 7 章：主要介绍图的基本操作；

第 8 章：主要通过案例的实现介绍查找方法基本操作；

第 9 章：主要通过案例的实现介绍排序方法及基本操作。

本书建议以理论课与实践课相结合的方式进行讲授，培养学生的实际动手能力。各院校可以根据自己的实际情况适当调整教学内容。

## 三、案例说明

● 单一案例

包括验证哥德巴赫猜想、顺序表与链表的应用、栈与队列的应用、迷宫问题、哈夫曼编码应用等。

● 综合案例

包括成绩管理系统、学生成绩修改系统、排序系统等。

## 四、读者对象

● 高职高专计算机相关专业的学生；

● 应用型本科院校计算机相关专业的学生；

● 计算机相关专业培训机构的学生；

● 广大计算机爱好者。

本书编写团队集中了武汉软件工程职业学院计算机学院和企业行业的优势力量，编者都是具有多年一线教学实践经验和工程经历的资深专家。本书由工业和信息化职业教育教学指导委员会委员王路群教授主持并通览全稿，库波对本书的编写思路与项目设计进行了总体策划，参与编写的还有曹静、汪晓青、袁晓曦、秦培煜、郭俐、江骏、杨国勋、余恒芳、张克斌、张波。

　　本书在编写的过程中得到了湖北省职教信息集团、武汉市服务外包行业协会、武汉佰均成技术股份有限公司、武汉支点信息技术有限公司、武汉数阵信息集成技术有限公司、武汉光谷科技技术股份有限公司、武汉厚薄信息技术有限公司、武汉软帝信息技术有限公司、武汉优易酷科技有限公司、上海睿亚讯软件技术服务有限公司、武汉软件工程职业学院、武汉商学院、武汉信息传播职业技术学院的大力支持，在此表示衷心的感谢！

　　由于时间仓促，水平有限，书中难免有疏漏之处，敬请广大读者不吝指正。

编　者<br>2015 年 6 月

# 课程导学

## 第一部分　课程介绍及学习方法

"数据结构"课程是计算机科学与技术专业的一门专业基础课。它涉及在计算机中如何有效地表示数据，如何合理地组织数据和处理数据；还涉及初步的算法设计和算法性能分析。本课程是一门理论性和实践性都很强而且难学习的课程，C 语言程序设计和离散数学的学习基础都将影响到本课程的学习效果，同时"数据结构"也是一门自学起来比较困难的课程。所以学生在以自学为主的学习过程中，应当加强网络教学资源、多媒体课件的利用和上机操作。

学习方法建议如下：

（1）除了主教材以外，学习前还应当掌握如下教学资源：教学大纲、平时作业要求、课程实施细则、考核说明等。

（2）本课程使用多媒体课件讲授，多媒体课件作为文字教材的强化媒体，两者配合讲授课程的重点、难点以及问题的分析方法与思路。学生学习时两者互相补充，彼此配合。

（3）按照教学大纲和考核说明进行学习，布置的作业一定要完成并了然于心，可以说，该门课程的成绩好坏与作业完成情况有密切的联系，习题做得多的学生，特别是程序设计题做得多的学生考试过关率肯定高，不做作业者很难过关。学习中要注意做笔记，将遇到的问题和难点记下来，然后与老师联系答疑。良好的记笔记的习惯，可方便期末复习。

（4）按该门课程布置的平时作业要求完成相应的作业，最后复习时认真做一遍五套模拟试卷，弄懂每一题，并能举一反三。

（5）本课程按教学大纲要求，需要做实验并有指定配套的实验指导书，需要在安装 TC 编译器的计算机上做实验。

（6）对考核说明中指定的重点内容和知识点一定要认真消化，做到胸有成竹。

## 第二部分　课程教学总体安排

"数据结构"主要研究数据的各种逻辑结构和计算机中的存储结构，还研究数据的插入、查找、删除、排序、遍历等基本运算或操作以及这些运算在各种存储结构中具体实现的算法。

本课程开设一个学期，总学时为 72 学时，其中理论教学为 42 学时，课内实践为 30 学时。具体分配见下表：

学时分配建议表

| 课程内容 | 总学时 | 理论教学 | 课内实践 |
|---|---|---|---|
| 第 1 章 绪论 | 4 | 2 | 2 |
| 第 2 章 线性表 | 4 | 2 | 2 |
| 第 3 章 栈和队列 | 4 | 2 | 2 |
| 第 4 章 串 | 4 | 2 | 2 |
| 第 5 章 递归 | 4 | 2 | 2 |
| 第 6 章 树 | 12 | 6 | 6 |
| 第 7 章 图 | 10 | 6 | 4 |
| 第 8 章 查找 | 12 | 6 | 6 |
| 第 9 章 排序 | 12 | 8 | 4 |
| 其他 | 6 | 6 | 0 |
| 合计 | 72 | 42 | 30 |

# 目　录

III

# 1

# 绪论

 本章学习导读

本章介绍了"数据结构"这门学科诞生的背景、发展历史以及在计算机科学中所处的地位，重点介绍了与数据结构有关的概念和术语，读者学习本章后应掌握数据、数据元素、逻辑结构、存储结构、数据处理、数据结构、算法设计等基本概念，并了解如何评价一个算法的好坏。

## 1.1　引言

众所周知，20世纪40年代，电子数字计算机问世的直接原因是解决弹道学的计算问题。早期，电子计算机的应用范围几乎只局限于科学和工程的计算，其处理的对象是纯数值性的信息，通常人们把这类问题称为数值计算。

近30年来，电子计算机的发展异常迅猛，这不仅表现在计算机本身运算速度不断提高、信息存储量日益扩大、价格逐步下降，更重要的是计算机广泛地应用于情报检索、企业管理、系统工程等方面，已远远超出了数值计算的范围，并渗透到人类社会活动的一切领域。与此同时，计算机的处理对象也从简单的纯数值性信息发展到非数值性和具有一定结构的信息。

因此，再把电子数字计算机简单地看作是进行数值计算的工具，或把数据仅理解为纯数值性的信息，就显得太狭隘了。现代计算机科学的观点，是把计算机程序处理的一切数值的、非数值的信息，乃至程序统称为数据（Data），而电子计算机则是加工处理数据（信息）的工具。

处理对象的转变导致系统程序和应用程序的规模越来越大，结构也越来越复杂，单凭程序设计人员的经验和技巧已难以设计出效率高、可靠性强的程序，数据的表示方法和组织形式

已成为影响数据处理效率的关键。因此，就要求人们对计算机程序加工的对象进行系统的研究，即研究数据的特性以及数据之间存在的关系——数据结构（Data Structure）。

# 1.2　数据结构的发展简史及其在计算机科学中所处的地位

数据结构是随着电子计算机的产生和发展而发展起来的一门较新的计算机学科。数据结构所讨论的有关问题，早先是为解决系统程序设计中的具体技术而出现在《编译程序》和《操作系统》之中。"数据结构"作为一门独立的课程在国外是从 1968 年才开始设立的。在这之前，它的某些内容曾在其他课程，如表处理语言中有所阐述。1968 年在美国一些大学的计算机系的教学计划中，虽然把"数据结构"规定为一门课程，但对课程的范围仍没有作明确规定。当时，数据结构几乎和图论，特别是和表、树的理论为同义语。随后，"数据结构"这个概念扩充到网络、集合代数论、格、关系等方面，从而变成了现在称之为"离散结构"的内容。然而，由于数据必须在计算机中进行处理，因此，不仅考虑数据本身的数学性质，而且还必须考虑数据的存储结构，这就进一步扩大了数据结构的内容。近年来，随着数据库系统的不断发展，在"数据结构"课程中又增加了文件管理（特别是大型文件的组织等）的内容。

1968 年美国唐·欧·克努特教授开创了数据结构的最初体系，他所著的《计算机程序设计技巧》第一卷《基本算法》是第一本较系统地阐述数据的逻辑结构和存储结构及其操作的著作，从 60 年代末到 70 年代初，出现了大型程序，软件也相对独立，结构程序设计成为"程序设计方法学"的主要内容，人们就越来越重视数据结构，认为程序设计的实质是对确定的问题选择一种好的结构，加上设计一种好的算法。从 70 年代中期到 80 年代初，各种版本的数据结构著作就相继出现。

目前在我国，"数据结构"也已经不仅是计算机专业教学计划中的核心课程之一，而且是其他非计算机专业的主要选修课程之一。

"数据结构"在计算机科学中是一门综合性的专业基础课。数据结构的研究不仅涉及计算机硬件（特别是编码理论、存储装置和存取方法等）的研究范围，而且和计算机软件的研究有着更密切的关系，无论是编译程序还是操作系统，都涉及数据元素在存储器中的分配问题。在研究信息检索时也必须考虑如何组织数据，以便查找和存取数据元素。因此，可以认为"数据结构"是介于数学、计算机硬件和计算机软件三者之间的一门核心课程。我国从 1978 年开始，各院校先后开设了"数据结构"课。1982 年全国计算机教育学术讨论会和 1983 年全国大专类计算机专业教学工作讨论会都把"数据结构"确定为计算机类各专业的骨干课程之一。这是因为在计算机科学中，"数据结构"这门课程的内容不仅是一般程序设计（特别是非数值性程序设计）的基础，而且是设计和实现编译程序、操作系统、数据库系统及其他系统程序的重要基础。

值得注意的是，数据结构的发展并未终结。一方面，面向各专门领域中特殊问题的数据结构得到研究和发展，如多维图形数据结构等；另一方面，从抽象数据类型的观点来讨论数据结构已成为一种新的趋势，越来越被人们所重视。由此可见，数据结构技术的产生时间并不长，它正处于迅速发展阶段。同时，随着电子计算机的发展和更新，新的数据结构将会不断出现。

# 1.3　什么是数据结构

什么是数据结构？这是一个难以直接回答的问题。一般来说，用计算机解决一个具体问题时，大致需要经过下列几个步骤：首先要从具体问题中抽象出一个适当的数学模型；然后设计一个解此数学模型的算法（Algorithm）；最后编出程序，进行测试、调整直至得到最终解答。寻求数学模型的实质是分析问题，从中提取操作的对象，并找出这些操作对象之间含有的关系，然后用数学的语言加以描述。为了说明这个问题，我们首先举一个例，然后再给出明确的含义。

假定有一个学生通讯录，记录了某校全体学生的姓名和相应的住址，现在要写一个算法，要求当给定任何一个学生的姓名时，该算法能够查出该学生的住址。这样一个算法的设计，将完全依赖于通讯录中的学生姓名及相应的住址是如何组织的，以及计算机是怎样存储通讯录中的信息。

如果通讯录中的学生姓名是随意排列的，其次序没有任何规律，那么当给定一个姓名时，只能对通讯录从头开始逐个与给定的姓名比较，顺序查对，直至找到所给定的姓名为止。这种方法相当费时间，且效率很低。

然而，若对学生通讯录进行适当的组织，按学生所在班级来排列，并且再造一个索引表，这个表用来登记每个班级学生姓名在通讯录中的起始位置。这样一来，情况将大为改善。这时，当要查找某学生的住址时，则可先从索引表中查到该学生所在班级的学生姓名是从何处起始的，然后就从此起始处开始查找，而不必去查看其他部分的姓名。由于采用了新的结构，就可写出一个完全不同的算法。

上述的学生通讯录就是一个数据结构问题。我们看到，计算机算法与数据的结构密切相关，算法无不依附于具体的数据结构，数据结构直接关系到算法的选择和效率。

下面再对学生通讯录作进一步讨论。当有新学生进校时，通讯录需要添加新学生的姓名和相应的住址；在老学生毕业离校时，应从通讯录中删除毕业学生的姓名和住址。这就要求在已安排好的结构上进行插入（Insert）和删除（Delete）。对于一种具体的结构，如何实现插入和删除？是把要添加的学生姓名和住址插入到前头、末尾或是中间某个合适的位置上？插入后，对原有的数据是否有影响？有什么样的影响？删除某学生的姓名和住址后，其他的数据（学生的姓名和住址）是否要移动？若需要移动，应如何移动？这一系列的问题说明，为适应数据的增加和减少的需要，还必须对数据结构定义一些运算。上面只涉及两种运算，即插入和删除运算。当然，还会提出一些其他可能的运算，如学生搬家后，住址变了，为适应这种需要，就应该定义修改（Modify）运算等。

对于这些运算，显然是由计算机来完成，这就要设计相应的插入、删除和修改的算法。也就是说，数据结构还需要给出每种结构类型所定义的各种运算的算法。

通过以上讨论，可以直观地认为：数据结构是研究程序设计中计算机操作的对象以及它们之间关系和运算的一门学科。

# 1.4 基本概念和术语

下面我们来认识与数据结构相关的一些重要的基本概念和术语。

1. 数据（Data）

数据是人们利用文字符号、数字符号以及其他规定的符号对现实世界的事物及其活动所做的描述。在计算机科学中，数据的含义非常广泛，人们把一切能够输入到计算机中并被计算机程序处理的信息，包括文字、表格、声音、图像等，统称为数据。例如，一个个人书库管理程序所要处理的数据可能是一张如表 1-1 所示的表格。

2. 结点（Node）

结点也叫数据元素，它是组成数据的基本单位。在程序中通常把结点作为一个整体进行考虑和处理。例如，在表 1-1 所示的个人书库中，为了便于处理，把其中的每一行（代表一本书）作为一个基本单位来考虑，故该数据由 10 个结点构成。

一般情况下，一个结点中含有若干个字段（也叫数据项）。例如，在表 1-1 所示的表格数据中，每个结点都由登录号、书号、书名、作者、出版社和价格六个字段构成。字段是构成数据的最小单位。

表 1-1 个人书库

| 登录号 | 书 号 | 书 名 | 作 者 | 出版社 | 价 格 |
| --- | --- | --- | --- | --- | --- |
| 000001 | TP2233 | Windows NT 4.0 中文版教程 | 赵健雅 | 电子工业 | 28.00 |
| 000002 | TP1844 | Authorware 5.1 速成 | 孙 强 | 人民邮电 | 40.00 |
| 000003 | TP1684 | Lotus Notes 网络办公平台 | 赵丽萍 | 清华大学 | 16.00 |
| 000004 | TP2143 | Access 2000 入门与提高 | 张 堪 | 清华大学 | 22.00 |
| 000005 | TP1110 | PowerBuilder 6.5 实用教程 | 樊金生 | 科学 | 29.00 |
| 000006 | TP1397 | Delphi 数据库编程技术 | 刘前进 | 人民邮电 | 43.00 |
| 000007 | TP2711 | 精通 MS SQL Server 7.0 | 罗会涛 | 电子工业 | 35.00 |
| 000008 | TP3239 | Visual C++实用教程 | 郑阿奇 | 电子工业 | 30.00 |
| 000009 | TP1787 | 电子商务万事通 | 赵乃真 | 人民邮电 | 26.00 |
| 000010 | TP42 | 数据结构 | 江 涛 | 中央电大 | 18.80 |

3. 逻辑结构（Logical Structure）

结点和结点之间的逻辑关系称为数据的逻辑结构。

在表 1-1 所示的表格数据中，各结点之间在逻辑上有一种线性关系，它指出了 10 个结点在表中的排列顺序。根据这种线性关系，可以看出表中第一本书是什么书，第二本书是什么书，等等。

4. 存储结构（Storage Structure）

数据及数据之间的关系在计算机中的存储表示称为数据的存储结构。

在表 1-1 所示的表格数据在计算机中可以有多种存储表示，例如，可以表示成数组，存放在内存中；也可以表示成文件，存放在磁盘上；等等。

5. 数据处理（Data Processing）

数据处理是指对数据进行查找、插入、删除、合并、排序、统计以及简单计算等的操作过程。在早期，计算机主要用于科学和工程计算，进入 80 年代以后，计算机主要用于数据处理。据有关统计资料表明，现在计算机用于数据处理的时间比例达到80%以上，随着时间的推移和计算机应用的进一步普及，计算机用于数据处理的时间比例必将进一步增大。

6. 数据结构（Data Structure）

数据结构是研究数据元素（Data Element）之间抽象化的相互关系和这种关系在计算机中的存储表示（即所谓数据的逻辑结构和物理结构），并对这种结构定义相适应的运算，设计出相应的算法，确保经过这些运算后所得到的新结构仍然是原来的结构类型。

为了叙述上的方便，避免产生混淆，通常把数据的逻辑结构统称为数据结构，把数据的物理结构统称为存储结构（Storage Structure）。

7. 数据类型（Data Type）

数据类型是指程序设计语言中各变量可取的数据种类。数据类型是高级程序设计语言中的一个基本概念，它和数据结构的概念密切相关。

一方面，在程序设计语言中，每一个数据都属于某种数据类型。类型明显或隐含地规定了数据的取值范围、存储方式以及允许进行的运算。可以认为，数据类型是在程序设计语言中已经实现了的数据结构。

另一方面，在程序设计过程中，当需要引入某种新的数据结构时，总是借助编程语言所提供的数据类型来描述数据的存储结构。

8. 算法（Algorithm）

简单地说就是解决特定问题的方法（关于算法的严格定义，在此不作讨论）。特定的问题可以是数值的，也可以是非数值的。解决数值问题的算法叫做数值算法，科学和工程计算方面的算法都属于数值算法，如求解数值积分、求解线性方程组、求解代数方程、求解微分方程等。解决非数值问题的算法叫做非数值算法，数据处理方面的算法都属于非数值算法，如各种排序算法、查找算法、插入算法、删除算法、遍历算法等。数值算法和非数值算法并没有严格的区别。一般说来，在数值算法中主要进行算术运算，而在非数值算法中主要进行比较和逻辑运算。另一方面，特定的问题可能是递归的，也可能是非递归的，因而解决它们的算法就有递归算法和非递归算法之分。当然，从理论上讲，任何递归算法都可以通过循环、堆栈等技术转化为非递归算法。

在计算机领域，一个算法实质上是针对所处理问题的需要，在数据的逻辑结构和物理结构的基础上施加的一种运算。由于数据的逻辑结构和物理结构不是唯一的，在很大程度上可以由用户自行选择和设计，所以处理同一个问题的算法也不是唯一的。另外，即使对于具有相同的逻辑结构和物理结构而言，其算法的设计思想和技巧不同，编写出的算法也大不相同。学习"数据结构"这门课程的目的，就是要会根据数据处理问题的需要，为待处理的数据选择合适的逻辑结构和物理结构，进而设计出比较满意的算法。

# 1.5 算法和算法的描述

## 1.5.1 算法

算法是计算机科学和技术中一个十分重要的概念。从下一章起，我们在讨论各种数据结构基本运算的同时，都将给出相应的算法。算法是执行特定计算的有穷过程。这个过程应有以下 5 个特点：

（1）动态有穷：当执行一个算法时，不论是何种情况，在经过了有限步骤后，这个算法一定要终止。

（2）确定性：算法中的每条指令都必须是清楚的，指令无二义性。

（3）输入：具有 0 个或 0 个以上由外界提供的量。

（4）输出：产生 1 个或多个结果。

（5）可行性：每条指令都是充分基本的，原则上用户仅用笔和纸也能在有限的时间内完成。

由此可见，算法和程序是有区别的，即程序未必能满足动态有穷。例如，操作系统是个程序，这个程序永远不会终止。本书只讨论满足动态有穷的程序，因此"算法"和"程序"是通用的。

## 1.5.2 算法的描述

一个算法可以用自然语言、数字语言或约定的符号来描述，也可以用计算机高级程序语言来描述，如 Pascal 语言、C 语言或伪代码等。本书选用 C 语言作为描述算法的工具。下面简单说明 C 语言的语法结构。

1. 预定义常量和类型

```
# define    TRUE     1
# define    FALSE    0
# define    ERROR    NULL
```

2. 函数的形式

```
[数据类型]   函数名   ([形式参数])
[形式参数说明;]
```

```
{   内部数据说明;
    执行语句组;
}     /*函数名*/
```

　　函数的定义主要由函数名和函数体组成，函数体用花括号"{"和"}"括起来。函数中用方括号括起来的部分如"[形式参数说明;]"为可选项，函数名之后的圆括号不可省略。函数的结果可由指针或别的方式传递到函数之外。执行语句可由各种类型的语句所组成，两个语句之间用";"号分隔。可将函数中的表达式的值通过 return 语句返回给调用它的函数。最后的花括号"}"之后的/*函数名*/为注释部分，这是一种习惯写法，可依实际情况取舍。

　　3. 赋值语句

简单赋值：<变量名>=<表达式>，表示将表达式的值赋给左边的变量；

　　　　　<变量>++，表示使用变量的当前值以后，把变量值加 1 再赋值给变量；

　　　　　++<变量>，表示先把变量值加 1 赋值给变量，然后使用变量的新值；

　　　　　<变量>--，表示使用变量的当前值以后，把变量值减 1 再赋值给变量；

　　　　　--<变量>，表示先把变量值减 1 赋值给变量，然后使用变量的新值；

串联赋值：<变量 1>=<变量 2>=<变量 3>=…=<变量 k>=<表达式>;

成组赋值：（<变量 1>,<变量 2>,<变量 3>,…<变量 k>）=（<表达式 1>,

　　　　　<表达式 2>,<表达式 3>,…<表达式 k>);

　　　　　<数组名 1>[下标 1…下标 2]=<数组名 2>[下标 1…下标 2]

条件赋值：<变量名>=<条件表达式>?<表达式 1>:<表达式 2>;

交换赋值：<变量 1>←→<变量 2>,表示变量 1 和变量 2 互换。

　　4. 条件选择语句

```
if(<表达式>)    语句;
if(<表达式>)    语句 1;
else    语句 2;
情况语句
        switch (<表达式>)
        {   case    判断值 1:
                语句组 1;
                break;
            case    判断值 2:
                语句组 2;
                break;
                ……
            case    判断值 n:
                语句组 n;
```

```
                    break;
        [default:语句组;
                    break;]
     }
```

switch case 语句是先计算表达式的值，然后用其值与判断值相比较，若一致，就执行相应的 case 下的语句组；若不一致，则执行 default 下的语句组，或直接执行 switch 语句的后继语句（如果 default 部分未出现的话），其中的方括号代表可选项。

5．循环语句

（1）for 语句。

for (<表达式 1>;<表达式 2>;<表达式 3>)

{循环体语句;}

首先计算表达式 1 的值，然后求表达式 2 的值，若结果非零则执行循环体语句，最后对表达式 3 运算，如此循环，直到表达式 2 的值为零时止。

（2）while 语句。

while (<条件表达式>)

   {  循环体语句;
          }

while 循环首先计算条件表达式的值，若条件表达式的值非零，则执行循环体语句，然后再次计算条件表达式，重复执行，直到条件表达式的值为假时退出循环，执行该循环之后的语句。

（3）do-while 语句。

do { 循环体语句

          } while(<条件表达式>)

该循环语句首先执行循环体语句，然后再计算条件表达式的值，若条件表达式成立，则再次执行循环体语句，再计算条件表达式的值，直到条件表达式的值为零，即条件不成立时结束循环。

6．输入、输出语句

输入语句：用函数 scanf 实现。

输出语句：用 printf 函数实现。

7．其他一些语句

（1）return 表达式或 return：用于函数结束。

（2）break 语句：可用在循环语句或 case 语句中结束循环过程或跳出情况语句。

（3）exit 语句：表示出现异常情况时，控制退出语句。

8．注释形式

可用/*字符串*/或者单行注释或//文字序列。

9. 一些基本的函数

max 函数：用于求一个或几个表达式中的最大值。

min 函数：用于求一个或几个表达式中的最小值。

abs 函数：用于求表达式的绝对值。

eof 函数：用于判定文件是否结束。

eoln 函数：用于判断文本行是否结束。

【例 1.1】计算 f=1!+2!+3!+…+n!，用 C 语言描述。

```
float    factorsum(n)
int    n;
{
int    i,j;
float    f,w;
f=0;
for (i=1;i<=n;i++)
{
    w=1;
    for (j=1;j<=i;j++)
    w=w*j;
    f=f+w;
}
return f;
}
```

上述算法所用到的运算有乘法、加法、赋值和比较，其基本运算为乘法操作。在上述算法的执行过程中，对外循环变量 i 的每次取值，内循环变量 j 循环 i 次。因为内循环每执行一次，内循环体语句 w=w*j 只作一次乘法操作，即当内循环变量 j 循环 i 次时，内循环体的语句 w=w*j 作 i 次乘法。所以整个算法所作的乘法操作总数是：f(n)=1+2+3+…n=n(n-1)/2。

## 1.5.3 算法评价

对于数据的任何一种运算，如果数据的存储结构不同，则其算法描述一般也是不相同的，即使在存储结构相同的情况下，由于可以采用不同的求解策略，往往也可以有许多不同的算法。进行算法评价的目的，既在于解决同一问题的不同算法中选择出较为合适的一种，也在于知道如何对现有的算法进行改进，从而设计出更好的算法。评价一个算法的准则很多，例如，算法是否正确；算法是否易于理解、易于编码、易于测试；算法是否节省时间和空间等。那么，如何选择一个好的算法呢？

通常设计一个好的算法应考虑以下几个方面：

1. 正确性

正确性是设计和评价一个算法的首要条件，如果一个算法不正确，其他方面就无从谈起。一个正确的算法是指在合理的数据输入下，能在有限的运行时间内得出正确的结果。通过对数据输入的所有可能的分析和上机调试可以证明算法是否正确。当然，要从理论上证明一个算法的正确性，并不是一件容易的事。

"正确"的含义在通常的用法中有很大的差别，大体可分为以下四个层次：①程序不含语法错误；②程序对于几组输入数据能够得出满足规格说明要求的结果；③程序对于精心选择的典型、苛刻而带有刁难性的几组数据能够得出满足规格说明要求的结果；④程序对一切合法的输入数据都能产生满足规格说明要求的结果。显然，达到第④层意义下的"正确"是极为困难的，所有不同输入数据的数量大得惊人，逐一验证的方法是不现实的。对于大型软件需要进行专业测试，而一般情况下，通常以第③层的正确作为衡量一个程序是否合格的标准。

2. 运行时间

运行时间是指一个算法在计算机上运算所花费的时间，大致等于计算机执行一种简单操作（如赋值操作、转向操作、比较操作等）所需要的时间与算法中进行简单操作次数的乘积。因为执行一种简单操作所需的时间随机器而异，运行时间是由机器本身硬软件环境决定的，与算法无关，所以我们只讨论影响运行时间的另一因素——算法中进行简单操作的次数。

显然，在一个算法中，进行简单操作的次数越少，其运行时间也就相对地越少；进行简单操作的次数越多，其运行时间也就相对地越多。因此，通常把算法中包含简单操作次数的多少叫做算法的时间复杂性，它是一个算法运行时间的相对量度。

3. 占用的存储空间

一个算法在计算机存储器上所占用的存储空间，包括存储算法本身所占用的存储空间，算法的输入、输出数据所占用的存储空间和算法运行过程中临时占用的存储空间三个方面。算法的输入、输出数据所占用的存储空间是由要解决的问题决定的，不随算法的不同而改变。存储算法本身所占用的存储空间与算法书写的长短成正比，要压缩这方面的存储空间，就必须编写出较短的算法。算法运行过程中临时占用的存储空间随算法的不同而异，有的算法只需要占用少量的临时工作单元，而且不随问题规模的大小而改变，我们称这种算法是"就地"进行的，是节省存储的算法；有的算法需要占用的临时工作单元数同问题的规模 n 成正比，当 n 较大时，将占用较多的存储单元，浪费存储空间。

分析一个算法所占用的存储空间要从各方面综合考虑。如对于递归算法来说，一般都比较简短，算法本身所占用的存储空间较少，但运行时需要一个附加堆栈，从而占用较多的临时工作单元；若写成非递归算法，一般可能比较长，算法本身占用的存储空间较长，但运行时将需要较少的存储单元。

算法在运行过程中所占用的存储空间的大小被定义为算法的空间复杂性。算法的空间复杂性比较容易计算，它包括局部变量（即在本算法中说明的变量）所占用的存储空间和系统为了实现递归（如果是递归算法的话）所使用的堆栈两个部分。算法的空间复杂性一般也以数量级的形式给出。

4. 简单性

最简单和最直接的算法往往不是最有效的，但算法的简单性使得证明其正确性比较容易，同时便于编写、修改、阅读和调试，所以还是应当强调且是不容忽视的。不过对于那些需要经常使用的算法来说，高效率（即尽量减少运行时间和压缩存储空间）比简单性更为重要。

上面讨论了如何从四个方面来评价一个算法的问题。这里还需要指出，除了算法的正确性之外，其余三个方面往往是相互矛盾的。如当追求较短的运行时间时，可能带来占用较多的存储空间和较繁的算法；当追求占用较少的存储空间时，可能带来较长的运行时间和较繁的算法；当追求算法的简单性时，可能带来较长的运行时间和占用较多的存储空间。所以在设计一个算法时，不仅要从这三个方面综合考虑，还要考虑到算法的使用频率、算法的结构化、易读性以及所使用机器的硬软件环境等因素，这样才能设计出比较好的算法。

# 1.6　实训项目一　验证哥德巴赫猜想

1．实训说明

验证哥德巴赫猜想，即任一充分大的偶数可以用两个素数之和表示。

2．程序分析

（1）问题分析。

分析先不考虑怎样判断一个数是否为素数，而是从整体上对这个问题进行考虑。我们可以这样做：读入一个偶数 num，将它分成 p 和 q 两部分，使得 num=p+q。那么怎样分呢？可以令 p 从 2 开始，每次增加 1，而令 q=num-p，如果 p、q 均为素数，则正为所求，否则令 p=p+1 再试。

（2）算法设计。

基本算法如下：

1）读入大于 3 的偶数 num；

2）p=1；

3）do{；

4）p=p+1; q=num-p；

5）判断 p 是否素数？

6）判断 q 是否素数？

7）}while（p、q 有一个不是素数）；

8）输出 num=p+q。

接下来分析第 5、6 步，怎样判断一个数是否为素数。

要判断一个数 i 是否为素数，方法是用小于等于 i 的平方根的数依次去除 i，看能否除尽，若都除不尽则 i 必为素数，反之则不是。

（3）具体代码如下：

```
void main()
{
```

```
int i,j,num;
int p,q,flagp,flagq;
printf("Please input a plus integer: ");
scanf(&num);
//判断输入的是否为大于 3 的偶数
if(((num%2)!=0)||(num<=4))
    printf("input data error!\n");
else
{
    p=1;
    //do-while 循环体
    do
    {
        p=p+1;
        q=num-p;
        flagp=1;
        flagq=1;
        //for 循环体：判断 p 是否素数
        for(i=2;i<(int)(floor(sqrt((double)(p))));i++)
        {
            if((p%i)==0)
            {
                flagp=0;
                break;
            }
        }
        j=2;
        //while 循环体：判断 q 是否素数
        while(j<=(int)(floor(sqrt((double)(q)))))
        {
            if((q%i)==0)
            {
                flagq=0;
                break;
            }
            j++;
        }
    }while(flagp*flagq==0);
    //输出结果 num=p+q
    printf(num," = ",p," + ",q);
}
}
```

 本章小结

本章主要介绍了如下一些基本概念：

数据结构：数据结构是研究数据元素（Data Element）之间抽象化的相互关系和这种关系在计算机中的存储表示（即所谓数据的逻辑结构和物理结构），并对这种结构定义相适应的运算，设计出相应的算法，确保经过这些运算后所得到的新结构仍然是原来的结构类型。

数据：数据是人们利用文字符号、数字符号以及其他规定的符号对现实世界的事物及其活动所做的描述。在计算机科学中，数据的含义非常广泛，我们把一切能够输入到计算机中并被计算机程序处理的信息，包括文字、表格、声音、图像等，都称为数据。

结点：结点也叫数据元素，它是组成数据的基本单位。

逻辑结构：结点和结点之间的逻辑关系称为数据的逻辑结构。

存储结构：数据及数据之间的关系在计算机中的存储表示称为数据的存储结构。

数据处理：数据处理是指对数据进行查找、插入、删除、合并、排序、统计以及简单计算等的操作过程。

数据类型：数据类型是指程序设计语言中各变量可取的数据种类。数据类型是高级程序设计语言中的一个基本概念，它和数据结构的概念密切相关。

除上述基本概念以外，学生还应该了解算法是执行特定计算的有穷过程（这个过程应有五个特点），掌握算法描述的方法及如何评价一个算法。

 习题一

1．简述下列术语：数据、结点、逻辑结构、存储结构、数据处理、数据结构和数据类型。

2．试根据以下信息：校友姓名、性别、出生年月、毕业时间、所学专业、现在工作单位、职称、职务、电话等，为校友录构造一种适当的数据结构（作图示意），并定义必要的运算和用文字叙述相应的算法思想。

3．什么是算法？算法的主要特点是什么？

4．如何评价一个算法？

# 2

# 线性表

线性表（Linear list）是最简单且最常用的一种数据结构。这种结构具有下列特点：存在一个唯一的没有前驱的（头）数据元素；存在一个唯一的没有后继的（尾）数据元素；此外，每一个数据元素均有一个直接前驱和一个直接后继数据元素。通过本章的学习，读者应能掌握线性表的逻辑结构和存储结构，以及线性表的基本运算以及实现算法。

## 2.1　线性表的逻辑结构

线性表是由 n（n≥0）个类型相同的数据元素组成的有限序列，通常表示成下列形式：
$$L = (a_0, a_1, ..., a_{i-1}, a_i, a_{i+1}, ..., a_{n-1})$$
其中：L 为线性表名称，$a_i$ 为组成该线性表的数据元素。

线性表中数据元素的个数被称为线性表的长度，当 n=0 时，线性表为空，又称为空线性表。

数据元素的含义广泛，在不同的具体情况下，可以有不同的含义。

例如，英文字母表（A，B，C，…，Z）是一个长度为 26 的线性表，其中每个数据元素为一个字母。

再如，某公司 2000 年每月产值表（400，420，500，…，600，650）（单位：万元）是一个长度为 12 的线性表，其中每个数据元素为整数。

上述两例中的每一个数据元素都是不可分割的，在一些复杂的线性表中，每一个数据元素又可以由若干个数据项组成，在这种情况下，通常将数据元素称为记录（record）。

例如，表 2-1 的某一个学校的学生健康情况登记表就是一个线性表，表中每一个学生的健康情况就是一个记录，每个记录包含八个数据项：学号、姓名、性别……。

表 2-1　职工工资表

| 学号 | 姓名 | 性别 | 年龄 | 生日 | 身高 | 班级 | 健康情况 |
|---|---|---|---|---|---|---|---|
| 12001 | 林星 | 男 | 18 | 1995-11 | 180 | 计 1 | 健康 |
| 12002 | 张媛 | 女 | 19 | 1996-02 | 168 | 计 2 | 一般 |
| 12003 | 刘力 | 男 | 19 | 1994-10 | 189 | 计 3 | 健康 |
| 12004 | 黄觉 | 女 | 18 | 1995-03 | 165 | 计 4 | 神经衰弱 |
| ⋮ | ⋮ | ⋮ | ⋮ | ⋮ | ⋮ | ⋮ | ⋮ |

矩阵也是一个线性表，但它是一个比较复杂的线性表。在矩阵中，可以把每行看成是一个数据元素，也可以把每列看成是一个数据元素，而其中的每一个数据元素又是一个线性表。

综上所述，设有一个线性表，它是 n（n≥0）个数据元素 $(a_0, a_1, ..., a_{i-1}, a_i, a_{i+1}, ..., a_{n-1})$ 的有限序列。则：

（1）$a_0$ 称为表头（或称头结点），$a_{n-1}$ 称为表尾（或称尾结点）。

（2）除 $a_0$ 和 $a_{n-1}$ 外，$a_i$（0＜i＜n-1）为线性表的第 i 个数据元素，它在数据元素 $a_{i-1}$ 之后，在数据元素 $a_{i+1}$ 之前。

（3）若 n=0，则为一个空表，表示无数据元素。

抽象数据类型线性表的定义如下：

LinearList=(D,R)

其中，D={ $a_i$ | $a_i$ ∈Elemset　i=0,1,2,⋯,n-1　（n≥1）}

R={< $a_{i-1}$ , $a_i$ >| $a_{i-1}$ , $a_i$ ∈D　i=0,1,2,⋯,n-1}

Elemset 为某一数据类型的对象集；n 为线性表的长度。

线性表的主要操作有如下几种：

（1）Initiate(L)初始化：构造一个空的线性表 L。

（2）Length(L)求长度：对给定的线性表 L，返回线性表 L 的数据元素的个数。

（3）Delete(L,i)删除：在给定的线性表 L 中，若 0≤i≤Length(L)-1，删除第 i 个元素。

（4）Locate(L,x)查找定位：对给定的值 x，若线性表 L 中存在一个元素 $a_i$ 与之相等，则返回该元素在线性表中的位置的序号 i；若满足条件的数据元素有多个则取最前面的一个的序号；否则返回 NULL（空）。

（5）Insert(L,i,x)插入：在给定的线性表 L 中，若 0≤i≤Length(L)，在第 i 个位置上插入数据元素 x。

（6）Get(L,i)存取：对给定的线性表 L，返回第 i（0≤i≤Length(L)-1）个数据元素；否则返回 NULL。

（7）Traverse(L)遍历：对给定的线性表 L，依次输出 L 的每一个数据元素。

（8）IsEmpty(L)判定空表：若 L 为空表，则返回值为 1，表示为"真"；否则返回 0，表示为"假"。

（9）IsFull(L)判定满表：若 L 为满表，则返回值为 1，表示为"真"；否则返回 0，表示为"假"。

（10）Clear(L)表置空：将已知的线性表 L 置为空表。

上面定义了线性表的逻辑结构和基本操作。在计算机内，线性表有两种基本的存储结构：顺序存储结构和链式存储结构。下面分别讨论这两种存储结构以及对应存储结构下实现各操作的算法。

## 2.2 线性表的顺序存储结构

线性表在计算机内可以有不同的存储方式，最简单、最常用的方式就是顺序存储，即在计算机中用一组地址连续的存储单元依次存储线性表的各个数据元素，这种存储方式的线性表也被称为顺序表。

### 2.2.1 线性表的顺序存储结构

在线性表的顺序存储结构中，其前后两个元素在存储空间中是紧邻的，且前驱元素一定存储在后继元素的前面。由于线性表的所有数据元素属于同一数据类型，所以每个元素在存储器中占用的空间大小相同，因此要在该线性表中查找某一个元素是很方便的。

假设线性表中的第一个数据元素的存储地址为 $Loc(a_0)$，每一个数据元素占 d 字节，则线性表中第 i 个元素 $a_i$ 在计算机存储空间中的存储地址为：

$$Loc(a_i)= Loc(a_0)+i*d$$

线性表的顺序存储结构的特点是：线性表中逻辑上相邻的结点在存储结构中也相邻，如图 2-1 所示。只要确定了线性表存储的起始位置，就可以随机存取表中任一数据元素。所以，线性表的顺序存储结构是一种随机存取的存储结构。

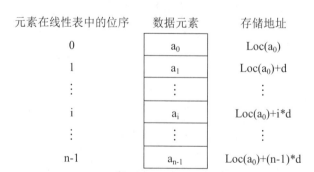

图 2-1　线性表的顺序存储结构示意图

### 2.2.2 线性表在顺序存储结构下的运算

可用 C 语言描述顺序表如下:

```
#define TRUE    1
#define FALSE    0
#define MAXNUM <顺序表最大元素个数>
Elemtype List[MAXNUM] ;          /*定义顺序表 List*/
int num=-1;                       /*定义顺序表 List（空表）当前数据元素下标的最大值*/
```

还可将顺序表和顺序表的表长封装在一个结构体中:

```
typedef struct Sqlist {
  Elemtype List[MAXNUM];
      /*定义顺序表元素的数据类型，其中 Elemtype 为 Turbo C 中允许的任何数据类型*/
  int length;
      /*定义表长域，length 为最后一个元素的下标，而线性表的表长为 length+1*/
}
```

#### 1. 顺序表的插入操作

在表尾元素下标为 length（$0 \leqslant length \leqslant MAXNUM-2$）的顺序表 List 的第 i（$0 \leqslant i \leqslant length+1$）个数据元素之前插入一个新的数据元素 x 时,需将最后一个（即第 length 个至第 i 个）元素（共 length-i+1 个元素）依次向后移动一个位置,空出第 i 个位置,然后把 x 插入到第 i 个存储位置,插入结束后顺序表的长度增加 1,返回 TRUE 值;若 i<0 或 i>length+1,则无法插入,返回 FALSE,如图 2-2 所示。

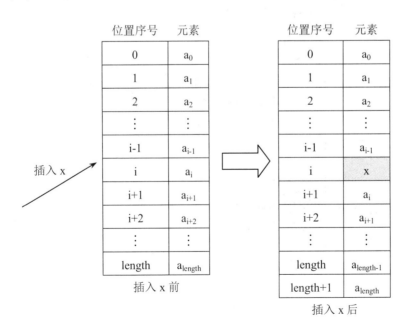

图 2-2  在线性表中插入元素

算法如下：

【算法 2.1　顺序表的插入】
```
int Insert(Sqlist L, int i,Elemtype x)
/*在顺序表 L 中，在第 i（0≤i≤L.length+1）个元素前插入数据元素 x，若成功，返回 TRUE；否则返
回 FALSE*/
    int j;
    if (i<0||i>L.length+1)
      {printf("Error!");              /*插入位置出错*/
      return FALSE;}
    if (L.length>=MAXNUM-1)
        {printf("overflow!");
        return FALSE;}               /*表已满*/
for (j=L.length;j>=i;j--)
L.List[j+1]=L.List[j];               /*数据元素后移*/
L.List[i]=x;                         /*插入 x*/
L.length++;                          /*表尾元素下标加 1*/
return TRUE;}
```

**注意**：顺序表 List 的最大数据元素个数为 MAXNUM，L.length 标识为顺序表的当前表尾（L.length≤MAXNUM-1）。

2. 顺序表的删除操作

在表尾元素下标为 length（0≤length≤MAXNUM-1）的顺序表 List 中，删除第 i（0≤i≤length）个数据元素，需将第 i+1 至第 length 个数据元素的存储位置（共 length-i 个元素）依次前移，并使顺序表的长度减 1，返回 TRUE 值；若 i<0 或 i>length，则无法删除，返回 FALSE 值，如图 2-3 所示。

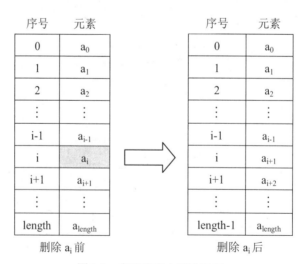

删除 $a_i$ 前　　　　　删除 $a_i$ 后

图 2-3　在顺序表中删除元素

算法如下：

【算法 2.2　顺序表的删除】

```
int Delete(Sqlist L,int i)
{/*在线性表 L 中，length 为表尾元素下标位置，删除第 i（0≤i≤L.length）个元素，线性表的长度减 1,
若成功，则返回 TRUE；否则返回 FALSE*/
int j;
if(i<0||i> L.length)
{printf("Error!");    return FALSE; }         /*删除位置出错！ */
for(j=i+1;j<= L.length;j++)
L.List[j-1]=L.List[j];                        /*数据元素前移*/
    L.length--;                                /*表尾元素下标减 1*/
return    TRUE; }
```

从上述两个算法来看，很显然，在线性表的顺序存储结构中插入或删除一个数据元素时，其时间主要耗费在移动数据元素上，而移动元素的次数取决于插入或删除元素的位置。

假设 $P_i$ 是在第 i 个元素之前插入一个元素的概率,则在长度为 n 的线性表中插入一个元素时所需移动元素次数的平均次数为：

$$E_{ins} = \sum_{i=0}^{n} p_i(n-i)$$

假设 $q_i$ 是删除第 i 个元素的概率,则在长度为 n 的线性表中删除一个元素时所需移动元素次数的平均次数为：

$$E_{del} = \sum_{i=0}^{n-1} q_i(n-i-1)$$

如果在线性表的任何位置插入或删除元素的概率相等，即：

$$p_i = \frac{1}{n+1}, \quad q_i = \frac{1}{n}$$

则

$$E_{ins} = \frac{1}{n+1}\sum_{i=0}^{n}(n-i) = \frac{n}{2}, \quad E_{del} = \frac{1}{n}\sum_{i=0}^{n-1}(n-i-1) = \frac{n-1}{2}$$

【例 2.1】将有序线性表 La={2,4,6,7,9}，Lb={1,5,7,8}，合并为 Lc={1,2,4,5,6,7,7,8,9}。

分析：Lc 中的数据元素或者是 La 中的数据元素，或者是 Lb 中的数据元素，则只要先将 Lc 置为空表，然后将 La 或 Lb 中的元素逐个插入到 Lc 中即可。设两个指针 i 和 j 分别指向 La 和 Lb 中的某个元素，若设 i 当前所指的元素为 a，j 当前所指的元素为 b，则当前应插入到 Lc 中的元素 c 为 $c = \begin{cases} a, & \text{当} a \leq b \text{时} \\ b, & \text{当} a > b \text{时} \end{cases}$。很显然，指针 i 和 j 的初值均为 0，在所指元素插入 Lc 后，i、j 在 La 或 Lb 中顺序后移。

```
void merge(Sqlist La,Sqlist Lb,Sqlist *Lc)
{   int i,j,k,a,b;
    int La_length,Lb_length;
```

```
i=j=0;k=-1;
La_length=Length(La)-1;Lb_length=Length(Lb)-1;    /*取表 La,Lb 的长度*/
while (i<=La_length&&j<=Lb_length)
  {  a=get(La,i);b=get(Lb,j);
     if(a<b) {insert(Lc,++k,a);++i;}
     else {insert(Lc,++k,b);++j;}
  }                        /*将 La 和 Lb 的元素插入到 Lc 中*/
while (i<=La_length) { a=get(La,i);insert(Lc,++k,a);++i;}
while (j<=Lb_length) { b=get(Lb,j);insert(Lc,++k,b);++j;}  }
```

可见，在顺序存储结构的线性表中插入或删除一个元素时，平均要移动表中大约一半的数据元素。若表长为 n，则插入和删除算法的时间复杂度都为 $O(n)$。

在顺序存储结构的线性表中其他的操作也可直接实现，在此不再讲述。

3．顺序表存储结构的特点

线性表的顺序存储结构中任意数据元素的存储地址都可由公式直接导出，因此顺序存储结构的线性表可以随机存取其中的任意元素。

但是，顺序存储结构也有一些不方便之处，主要表现在：

（1）数据元素最大个数需预先确定，使得高级程序设计语言编译系统预先分配相应的存储空间。

（2）插入与删除运算的效率很低。为了保持线性表中的数据元素的顺序，在插入操作和删除操作时需移动大量数据。对于插入或删除操作很频繁的线性表来说，若线性表的数据元素所占字节较多，这些操作将影响系统的运行速度。

（3）顺序存储结构的线性表的存储空间不便于扩充。当一个线性表分配顺序存储空间后，如果线性表的存储空间已满，但还需要插入新的元素，则会发生"上溢"错误。在这种情况下，如果在原线性表的存储空间后找不到与之连续的可用空间，则会导致运算的失败或中断。

# 2.3　线性表的链式存储结构

从线性表的顺序存储结构的讨论中可知，对于大的线性表，特别是元素变动频繁的大线性表，不宜采用顺序存储结构，而应采用本节要介绍的链式存储结构。

线性表的链式存储结构就是用一组任意的存储单元（可以连续，也可以是不连续）存储线性表的数据元素。线性表中的每一个数据元素，为了表示相邻的数据元素 $a_{i-1}$、$a_i$ 和 $a_{i+1}$ 之间的逻辑关系，对数据元素而言，需用两部分来存储：一部分用于存放数据元素值，称为数据域；另一部分用于存放直接前驱或直接后继结点的地址（指针），称为指针域。通常将这种含有数据域和指针的存储单元称为结点。

在链式存储结构方式下，存储数据元素的结点的存储空间可以不连续，各数据结点的存储顺序与数据元素之间的逻辑关系可以不一致，但数据元素之间的逻辑关系是由指针域来确定的。

链式存储方式可用于表示线性结构，也可用于表示非线性结构。

## 2.3.1　线性链表

### 1.　线性链表

线性链表是线性表的链式存储结构，是一种物理存储单元上非连续、非顺序的存储结构，数据元素的逻辑顺序是通过链表中的指针链接次序实现的。因此，在存储线性表中的数据元素时，一方面要存储数据元素的值，另一方面要存储各数据元素之间的逻辑顺序。为此，将每一个存储结点分为两部分：一部分用于存储数据元素的值，称为数据域；另一部分用于存放下一个数据元素的存储结点的地址，即指向后继结点，称为指针域。

这种形式的链表因只含有一个指针域，又称为单向链表，简称单链表。

图2-4给出了线性表 L=(A,B,C,D,E)的链式存储结构。

| 存储地址 | 数据域 | 指针域 |
|---|---|---|
| 8000H | D | A000H |
| 890AH | B | 90E0H |
| 9000H | A | 890AH |
| 90E0H | C | 8000H |
| A000H | E | NULL |

头指针 head

9000H

图2-4　单向链表存储结构示意图

从图中可以看出，单向链表的存取必须从头指针 head 开始，头指针 head 指向链表中的第一个结点的存储位置，最后一个结点中的指针域为空（NULL）。在线性表的链式存储结构中，数据元素之间的逻辑关系是由结点中的指针表示,因此逻辑上相邻的数据元素其物理的存储位置不必相邻。

在使用单向链表时，通常只关心线性表中的数据元素之间的逻辑顺序，而不关心它们的实际存储位置。因此可以在结点之间的用箭头表示指针，把链表画成用箭头相链的结点序列，如图2-5所示。

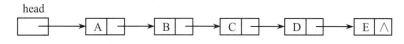

图2-5　单向链表的逻辑结构表示

一般来说，对一个有 n（n≥0）个元素的线性表$(a_0,a_1,a_2,\cdots,a_{n-1})$，可以使用如图2-6所示的方式来表示。图2-6（a）所示为一个空线性链表，图2-6（b）所示为一个非空线性链表。

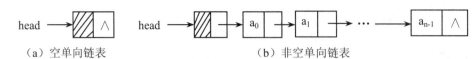

（a）空单向链表　　　　　　　　（b）非空单向链表

图 2-6　单向链表的一般表示方法

图 2-6 中，通常在线性链表的第一结点之前附设一个称为头结点的结点。头结点的数据域可以不存放任何数据，也可以存放链表的结点个数的信息。对空线性表，附加头结点的指针域为空（NULL 或 0 表示），用^表示；对非空线性链表，附加头结点的指针域，是一个指向线性表首元素 $a_0$ 的指针。头指针 head 不指向第一个元素 $a_0$，而是指向链表附加的头结点。对于链表的各种操作必须从头指针开始。

在 C 语言中可用结构指针来描述线性链表，定义链表结点的一般形式如下：

```
struct 结构体名
{
    数据成员表;
    struct 结构体名*指针变量名;
}
```

例如，下面定义的结点类型中，数据域包含三个数据项：学号、姓名、成绩。

```
Struct student
{
    char num[8];        /*数据域*/
    char name[8];       /*数据域*/
    int score;          /*数据域*/
    struct student *next;  /*指针域*/
}
```

假设 h,p,q 为指针变量，可用下列语句来说明：

```
struct student *h,*p,*q;
```

在 C 语言中，用户可以利用 malloc 函数向系统申请分配链表结点的存储空间，该函数返回存储区的首地址，如：

```
p=(struct student *)malloc(sizeof(struct student));
```

指针 p 指向一个新分配的结点。

如果要把此结点归还给系统，则用函数 free(p)来实现。

2. 线性链表的基本操作

下面给出的单链表的基本操作实现算法都是以图 2-6 所示的带头结点的单链表为数据结构基础的。

单链表结点结构定义为：

```
typedef struct slnode
{Elemtype data;
    struct slnode *next;
}slnodetype;
slnodetype *p,*q,*s;
```

在单向链表中，每一个元素的存储位置与其他元素没有固定的关系，不能像顺序表中可由第一个元素的地址直接计算得到，但是每个元素的存储位置都包含在其前驱结点的指针域中。若设 p 是指向线性表第 i 个数据元素结点的指针，则 p->next 就是指向第 i+1 个数据元素结点的指针；p->data 存储的是第 i 个数据元素的值；p->next->data 存储的是第 i+1 个数据元素的值。这样从头结点指针出发，就可以访问到链表中的任何一个元素，因此单向链表的存储结构是非随机存取的。

（1）初始化。

分配一个结点的存储单元，链表头指针 h 指向头结点，并将该结点的指针域置为空。算法如下：

【算法 2.3　单链表的初始化】
```
int Initiate(slnodetype * *h)
{if((*h=(slnodetype*)malloc(sizeof(slnodetype)))==NULL) return FALSE;
    (*h)->next=NULL;
    return TRUE; }
```

注意：形参 h 定义为指针的指针类型，若定义为指针类型，将无法带回函数中建立的头指针值。

（2）单向链表的插入操作。

1）已知单向链表 head，在 p 指针所指向的结点后插入一个元素 x。

在一个结点后插入数据元素时，操作较为简单，不用查找便可直接插入。操作过程如图 2-7 所示。

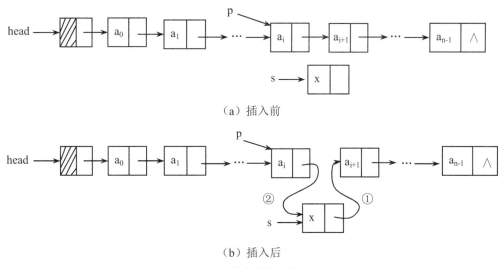

（a）插入前

（b）插入后

图 2-7　单向链表后插入

算法如下：

【算法 2.4　单链表的后插入】
```
{s=(slnodetype*)malloc(sizeof(slnodetype));
```

```
    s->data=x;
    s->next=p->next;p->next=s;}
```

2）已知线性链表 head，在 p 指针所指向的结点前插入一个元素 x。

前插时，必须从链表的头结点开始，找到 P 指针所指向的结点的前驱。设一指针 q 从附加头结点开始向后移动进行查找，直到 p 的前驱结点为止。然后在 q 指针所指的结点和 p 指针所指的结点之间插入结点 s。操作过程如图 2-8 所示。

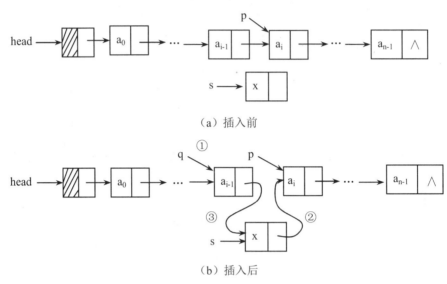

（a）插入前

（b）插入后

图 2-8　单向链表前插入

算法如下：

【算法 2.5　单链表的结点插入】
```
{q=head;
   while(q->next!=p) q=q->next;
   s=(slnodetype*)malloc(sizeof(slnodetype));
   s->data=x;
   s->next=p;
   q->next=s;}
```

3）已知线性链表 head，在第 i 数据结点前插入一个元素 x。

在链表的第 i 个数据结点之前插入数据元素 x，需要先找到指向第 i-1 个结点，用指针 p 指向第 i-1 结点，指针 s 指向新生成的结点，其数据域存储 x。算法如下：

【算法 2.6　单链表的前插入】
```
int insert(slnodetype *h,int i,Elemtype x)
{/*在链表 h 中，在第 i 个数据元素前插入一个数据元素 x*/
    slnodetype *p ,*s;
    int j=-1;      /*下标从 0 开始，第 i 个数据结点在线性表中的序号为 i-1*/
    p=h;
    while(p!=NULL&&j<i-1) { p=p->next; j++; }      /*寻找第 i-1 个结点*/
```

```
if ( j!=i-1) {printf("Error!");return FALSE; }        /*插入位置错误*/
if ((s=(slnodetype*)malloc(sizeof(slnodetype)))==NULL) return FALSE;
s->data=x;
s->next=p->next;
p->next=s;
return TRUE;}
```

【例 2.2】下面 C 语言程序的功能是，首先建立一个线性链表 head={3,5,7,9}，其元素值依次为从键盘输入正整数（以输入一个非正整数为结束）；在线性表中值为 x 的元素前插入一个值为 y 的数据元素。若值为 x 的结点不存在，则将 y 插在表尾。

```
#include "stdlib.h"
#include "stdio.h"
 struct slnode{
            int data;
            struct slnode *next;}; /*定义结点类型*/
main()
{int x,y,d;
struct slnode *head,*p,*q,*s;
head=(struct slnode*)malloc(sizeof(struct slnode));
head->next=NULL;                    /*生成空表，只有头结点*/
q=head;                             /*此时头结点也是尾结点*/
scanf("%d",&d);                     /*输入链表数据元素*/
while(d>0)
  {p=(struct slnode*)malloc(sizeof(struct slnode));    /*申请一个新结点*/
  p->data=d;    p->next=NULL;
  q->next=p;                        /*将新结点链接在尾结点后，做新的尾结点*/
   q=p;                             /*尾指针 q 指向链表新的尾结点——尾插法*/
   scanf("%d",&d);
        }
  p=head->next;
  while(p!=NULL)
    {printf("%d",p->data);p=p->next;}    /*输出链表*/
       printf("\n");
scanf("%d,%d",&x,&y);                /*读入 x 和 y 值*/
s=(struct slnode*)malloc(sizeof(struct slnode));
s->data=y;
q=head;p=q->next;
while((p!=NULL)&&(p->data!=x)) {q=p;p=p->next;}    /*查找元素为 x 的指针*/
s->next=p;q->next=s;                /*插入元素 y*/
  p=head->next;
  while(p!=NULL)
    {printf("%d",p->data);p=p->next;}    /*输出插入数据后的链表*/
}
```

（3）单链表的删除操作。

若要删除线性链表 h 中的第 i 个结点，首先要找到第 i 个结点并使指针 p 指向其前驱第 i-1

个结点，然后删除第 i 个结点并释放被删除结点空间。操作过程如图 2-9 所示。

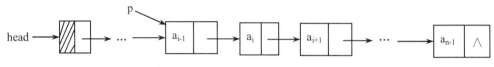

（a）寻找第 i 个结点的前驱结点（即第 i-1 个结点）的指针 p

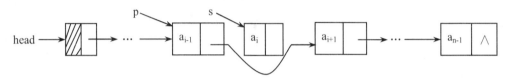

（b）删除并释放第 i 个结点

图 2-9　在线性链表中删除一个结点的过程

算法如下：

```
【算法 2.7　单链表的删除】
int Delet(slnodetype *h,int i)
{ /*在链表 h 中删除第 i 个结点*/
  slnodetype *p,*s;
    int j;
    p=h;j=-1;
    while(p->next!=NULL&&j<i-1)
{ p=p->next;j=j+1;   /*寻找第 i-1 个结点,p 指向其前驱*/}
  if(p->next==NULL)
     {printf("Error!");   /*删除位置错误!*/
        return FALSE; }
  s=p->next;
  p->next=p->next->next;  /*删除第 i 个结点*/
  free(s);  /*释放被删除的结点空间*/
  return TRUE;
}
```

请读者比较插入算法与删除算法中所用条件的不同。

(p!=NULL&&j<i-1)与(p->next!=NULL&&j<i-1)

从线性链表的插入与删除算法中可以看到，要存取链表中某个结点，必须从链表的头结点开始一个一个地向后查找，即不能直接存取线性链表中的某个结点，这是因为链式存储结构不是随机存取结构。虽然在线性链表中插入或删除结点不需要移动别的数据元素，但算法寻找第 i-1 个或第 i 个结点的时间复杂度为 O(n)。

【例 2.3】假设已有线性链表 La=(1,2,3,4,5)，编制算法将该链表逆置 La=(5,4,3,2,1)。

算法思路：

（I）建立线链表 La=(1,2,3,4,5)。

（II）利用头结点和第一个存放数据元素的结点之间不断插入后继元素结点，如图 2-10 所示。

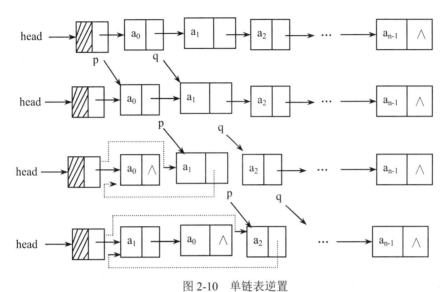

图 2-10　单链表逆置

函数 int Initiate(slnode **h)为生成带表头的空链表。

函数 void insert(slnode *h,int x)为在单链表中的表尾插入结点，生成链表。

函数 void converse(slnode *head)为将单链表转置。

程序如下：

```
#include "stdlib.h"
#include "stdio.h"
#define FALSE 0
#define TRUE 1
struct slnode{
int data;
struct slnode *next;};     /*定义结点类型*/

int Initiate(slnode **h)
  { if((*h=(slnode*)malloc(sizeof(slnode)))==NULL) return FALSE;
    (*h)->next=NULL;
    return TRUE; }     /*生成空线性单链表*/

void insert(slnode *h,int x)
{slnode *p,*s;
p=h;
while(p->next!=NULL) p=p->next;
s=(struct slnode*)malloc(sizeof(struct slnode));
```

```
    s->data=x;s->next=NULL;
    p->next=s;
    p=s;                    /*将新结点链接在尾结点后，作为新的尾结点*/
}                           /*在表尾插入结点，生成单链表*/

void converse(slnode *head)
{slnode *p,*q;
    p=head->next;
    head->next=NULL;
    while(p!=NULL)
    { q=p->next;
      p->next=head->next;
      head->next=p;
      p=q; }
}     /*返置单向链表*/
main()
{slnode *La,*p;
int d,i;
if (Initiate(&La)==FALSE)
{ printf("Error!");         /*链表初始化失败*/
  return FALSE;}
for(i=0;i<=4;i++)
{scanf("%d",&d);
  insert(La,d);
}
    p=La->next;
    while(p!=NULL)
      {printf("%d",p->data);p=p->next;}    /*输出原单向链表*/
    converse(La);     /*转置*/
    p=La->next;
    while(p!=NULL)
      {printf("%d",p->data);p=p->next;}    /*输出转置后的链表*/
return TRUE;
    }
```

### 2.3.2 循环链表

循环链表（Circular Linked List）是另一种形式的链式存储结构，是将单链表中最后一个结点指针指向链表的表头结点，整个链表形成一个环，这样从表中任一结点出发都可找到表中其他的结点。图 2-11（a）为带头结点的循环单链表的空表形式，图 2-11（b）为带头结点的循环单链表的一般形式。

带头结点的循环链表的操作实现算法和带头结点的单链表的操作实现算法类似，差别在于算法中的条件在单链表中为 p!=NULL 或 p->next!=NULL；而在循环链表中应改为 p!=head 或 p->next!=head。空链表的判定条件为 head->next==head。

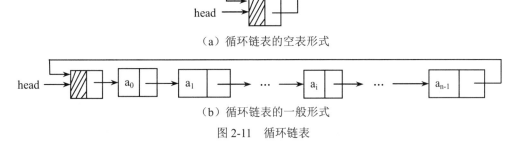

（a）循环链表的空表形式

（b）循环链表的一般形式

图 2-11　循环链表

在循环链表中，除了头指针 head 外，有时还需要加一个尾指针 rear。尾指针 rear 指向最后一结点，从最后一个结点的指针又可立即找到链表的第一个结点。在实际应用中，有时只使用表尾指针，而不设表头指针，因为使用尾指针代替头指针来进行某些操作往往更简单。

例如，将两个线性表合并成为一个表时，仅将两个循环链表首尾相接就可以了。La 为第一个循环链表表尾指针，Lb 为第二个循环链表表尾指针，合并后 Lb 为新链表的尾指针。

```
Void merge(slnodetype *La,slnodetype *Lb)
{ slnodetype *p;
 p=Lb->next;
 Lb->next= La->next;
 La->next=p->next;
 free(p);
}
```

如图 2-12 所示，在这个算法中，由于不需要进行任何查找操作，因此时间复杂度为 O(1)。

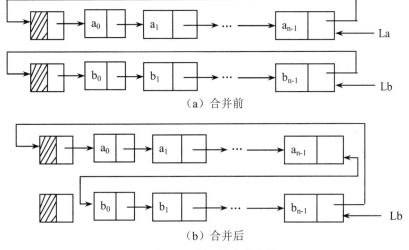

（a）合并前

（b）合并后

图 2-12　循环链表的合并

### 2.3.3 双向链表

**1. 双向链表**

在前面讨论的单链表以及循环链表中，每个结点中只有一个指示后继结点的指针域，因此从任何一个结点开始都能通过指针域找到它的后继结点；若需找出该结点的前驱结点，此时就需要从表头出发重新查找。换句话说，在单链表中，查找某结点的后继结点的执行时间为 $O(1)$，而查找其前驱结点的执行时间为 $O(n)$。

为了克服单向链表的这种访问方式的单向性，我们可构造双向链表，如图 2-13 所示，在双向链表中，每一个结点除了数据域外，还包含两个指针域，一个指针（next）指向该结点的后继结点，另一个指针（prior）指向它的前驱结点。双向链表的结构如下：

```
typedef struct node
{Elemtype data;
struct node *prior,*next;} dlnode;
```

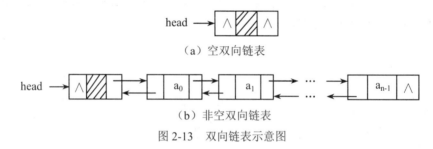

（a）空双向链表

（b）非空双向链表

图 2-13　双向链表示意图

与单链的循环表类似，双向链表也可以有循环表。令头结点的前驱指针指向链表的最后的一个结点，最后一个结点的后继指针指向头结点。图 2-14 为双向链表示意图，其中图（a）是一个循环双向空链表。

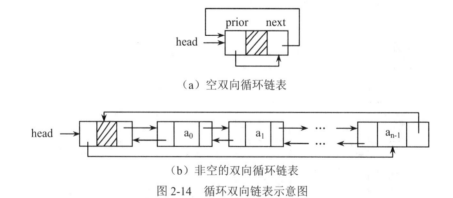

（a）空双向循环链表

（b）非空的双向循环链表

图 2-14　循环双向链表示意图

若 p 为指向双向链表中的某一个结点 $a_i$ 的指针，则显然有：

p->next->prior==p->prior->next==p

在双向链表中，有些操作如求长度、取元素、定位等，因仅需涉及一个方向的指针，故它们的算法与线性单链表的操作相同。但在插入、删除时，则需同时修改两个方向上的指针，两者的操作的时间复杂度均为 O(n)。

2. 双向链表的基本操作

（1）在双向链表中插入一个结点。

在双向链表的第 i 个元素前插入一个新结点时，算法描述为：第一步，找到待插入的位置，用指针 p 指向该结点（称 p 结点）；第二步，将新结点的 prior 指向 p 结点的前一个结点；第三步，将 p 结点的前一个结点的 next 指向新结点；第四步，然后将新结点的 next 指向 p 结点；第五步，将 p 结点的 prior 指向新结点。

和 p 结点的前驱建立关联：s->prior=p->prior;p->prior->next=s;

和 p 结点建立关联：s->next=p;p->prior=s;

操作过程如图 2-15 所示。

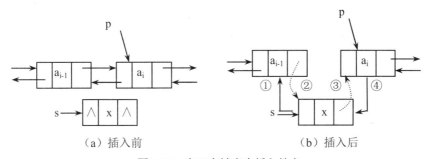

（a）插入前　　　　　　　　（b）插入后

图 2-15　在双向链表中插入结点

算法如下：

```
【算法 2.8　双向链表的插入】
int insert_dul(dlnode *head,int i,Elemtype x)
{/*在带头结点的双向链表中第 i 个位置之前插入元素 x*/
    dlnode *p,*s;
    int j;
    p=head;
    j=-1;
    while(p!=NULL&&j<i-1)
    {p=p->next;
     j++; }
if(p==NULL)
{ printf("Error!");
    return FALSE;}
if((s=(dlnode *)malloc(sizeof(dlnode)))==NULL) return FALSE;
s->data=x;
s->prior=p->prior;      /*图中步骤①*/
```

```
p->prior->next=s;        /*图中步骤②*/
s->next=p;               /*图中步骤③*/
p->prior=s; }            /*图中步骤④*/
return TRUE;}
```

讨论：在双向链表中进行插入操作时，还需注意下面两种情况：

1）当在链表中的第一个结点前插入新结点时，新结点的 prior 应指向头结点，原链表第一个结点的 prior 应指向新结点，新结点的 next 应指向原链表的第一个结点。

2）当在链表的最后一个结点后插入新结点时，新结点的 next 应为空，原链表的最后一个结点的 next 应指向新结点，新结点的 prior 应指向原链表的最后一个结点。

（2）在双向链表中删除一个结点。

在双向链表中删除一个结点时，可用指针 p 指向该结点（称 p 结点），算法描述为：第一步，将 p 结点的前一个结点的 next 指向 p 结点的下一个结点，语句描述为：p->prior->next=p->next；第二步，将 p 的下一个结点的 prior 指向 p 的上一个结点，语句描述为：p->next->prior=p->prior。操作过程如图 2-16 所示。

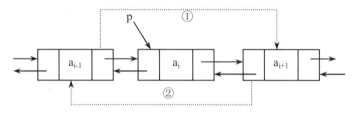

图 2-16   在双向链表中删除一个结点

算法如下：

【算法 2.9   双向链表的删除】
```
int   Delete_dl(dlnodetype *head,int i)
{ dlnodetype *p,*s;
   int j;
   p=head;
   j=-1;
   while (p!=NULL&&j<i-1)
  { p=p->next;
     j++; }
if(p==NULL)
{ printf("Error!");
   return FALSE;}
p->prior->next=p->next;          /*图中步骤①*/
p->next->prior=p->prior;         /*图中步骤②*/
free(p);
return TRUE;}
```

讨论：在双向链表中进行删除操作时，还需注意下面两种情况：

1）当删除链表的第一个结点时，应将链表开始结点的指针指向链表的第二个结点，同时将链表的第二个结点的 prior 指向头结点。

2）当删除链表的最后一个结点时，只需将链表的最后一个结点的上一个结点的 next 置为 NULL 即可。

对双向链表的插入和删除都需要寻找第 i 个结点，所以算法的时间复杂度均为 O(n)。

通过对线性表的几种链式存储结构的分析可以看出，链式存储结构克服了顺序存储结构的缺点：结点空间可以动态申请和释放；数据元素的逻辑次序靠结点的指针来指示，插入删除操作不需要移动数据元素。

但是链式存储结构也有不足之处：

（1）每个结点中的指针域需额外占用存储空间。当每个结点的数据域所占字节不多时，指针域所占存储空间的比重就显得很大。

（2）链式存储结构是一种非随机存取结构。对任一结点的操作都要从头指针开始依靠指针链查找到该结点，这增加了算法的复杂度。

# 2.4　一元多项式的表示及相加

符号多项式的表示及其操作是线性表处理的典型用例，在数学上，一个一元多项式 $P_n(x)$ 可以表示为：

$$P_n(x) = a_0 + a_1x + a_2x^2 + \cdots + a_nx^n \quad （最多有 n+1 项）$$

$a_ix^i$ 是多项式的第 i 项（$0 \leqslant i \leqslant n$），其中 $a_i$ 为系数，x 为变量，i 为指数。

$P_n(x)$ 有 n+1 个系数，因此在计算机里，可用一个线性表 P 来表示：

$$p = (a_0, a_1, a_2 \cdots, a_n)$$

假设 $Q_m(x)$ 是一元 m 次多项式，同样可用线性表 Q 来示：

$$Q = (b_0, b_1, b_2 \cdots, b_m)$$

若 m<n，则两个多项式相加的结果 $R_n(x) = P_n(x) + Q_m(x)$ 可用线性表 R 来表示：

$$R = (a_0 + b_0, a_1 + b_1, a_2 + b_2, \cdots, a_m + b_m, a_{m+1}, \cdots, a_n)$$

我们可以对 P、Q 和 R 采用顺序存储结构，也可以采用链表存储结构。使用顺序存储结构可以使多项式相加的算法十分简单，但是当多项式中存在大量的零系数时，这种表示方式就会浪费大量存储空间。为了有效而合理地利用存储空间，可以用链式存储结构来表示多项式。

采用链式存储结构表示多项式时，多项式中每一个非零系数项构成链表中的一个结点，而对于系数为零的项则不需要存储。

一般情况下，一元多项式（只表示非零系数项）可写成：

$$P_n(x) = a_m x^{e_m} + a_{m-1} x^{e_{m-1}} + \cdots + a_0 x^{e_0}$$

其中 $a_i \neq 0$（k=0,1,2,$\cdots$m)，$e_m > e_{m-1} > \cdots > e_0 \geqslant 0$。

采用链表表示多项式时，每个结点的数据域有两项：$a_i$ 表示系数，$e_k$ 表示指数（注意：表示多项式的链表应该是有序链表）。

多项式链表中的每一个非零项结点结构用 C 语言描述如下：

```
struct poly
{ int exp;                /*指数为正整数*/
  double coef;            /*系数为双精度型*/
  struct poly *next;      /*指针域*/
}
```

假设多项式 $A_{17}(x)=8+3x+9x^{10}+5x^{17}$ 与 $B_{10}(x)=8x+14x^7-9x^{10}$ 已经用单链表表示,其头指针分别为 Ah 与 Bh，如图 2-17 所示。

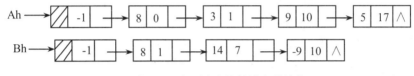

图 2-17　多项式表的单链存储结构

将两个多项式相加为 $C_{17}(x)=8+11x+14x^7+5x^{17}$，其运算规则如下：假设指针 qa 和 qb 分别指向多项式 $A_{17}(x)$ 和多项式 $B_{10}(x)$ 中当前进行比较的某个结点，则比较两个结点的数据域的指数项，有三种情况：

（1）当指针 qa 所指结点的指数值＜指针 qb 所指结点的指数值时，保留 qa 指针所指向的结点，qa 指针后移。

（2）当指针 qa 所指结点的指数值＞指针 qb 所指结点的指数值时，将 qb 指针所指向的结点插入到 qa 所指结点前，qb 指针后移。

（3）当指针 qa 所指结点的指数值=指针 qb 所指结点的指数值时，将两个结点中的系数相加，若和不为零，则修改 qa 所指结点的系数值，后移 qa、qb 两个指针，同时释放原 qb 所指结点；反之，从多项式 $A_{17}(x)$ 的链表中删除相应结点，后移 qa、qb 两个指针，并释放指针原 qa 和原 qb 所指结点。

按以上运算规则得到的和多项式链表如图 2-18 所示。

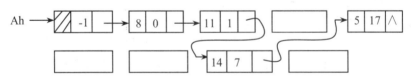

图 2-18　相加后的多项式

算法如下：

【算法 2.10　多项式相加】
```
struct poly *add_poly(struct poly *Ah,struct poly *Bh)
```

```
{struct poly *qa,*qb,*s,*r,*Ch;
double x;
qa=Ah->next;qb=Bh->next;              /*qa 和 qb 分别指向两个链表的第一结点*/
r= Ah;Ch=Ah;                          /*将链表 Ah 作为相加后的和链表*/
while(qa!=NULL&&qb!=NULL)             /*两链表均非空*/
{ if (qa->exp==qb->exp)              /*两者指数值相等*/
        {x=qa->coef+qb->coef;
         if(x!=0)
                { qa->coef=x;r->next=qa;r=qa;
                  s=qb;qb=qb->next;free(s);qa=qa->next;
                  }                                    /*相加后系数不为零时*/
                 else {s=qa;qa=qa->next;free(s);s=qb;qb=qb->next;free(s);}   /*相加后系数为零时*/
         }
    else if(qa->exp<qb->exp){ r->next=qa;r=qa;qa=qa->next;}   /*多项式 Ah 的指数值小*/
        else {r->next=qb;r=qb;qb=qb->next;}           /*多项式 Bh 的指数值小*/
}
if(qa==NULL) r->next=qb;
else r->next=qa;                      /*链接多项式 Ah 或 Bh 中的剩余结点*/
return (Ch);
```

多项式除了相加外还有其他的运算，如多项式的输出、多项式的相乘等。有兴趣的读者可以设计相关的算法。

## 2.5　实训项目二　顺序表与链表的应用

试分别用顺序表和单链表作为存储结构，实现将线性表($a_0,a_1,...a_{n-1}$)就地逆置的操作，所谓"就地"指辅助空间应为 O(1)。

【实训 1】顺序表的应用

1. 实训说明
使用顺序表实现线性表的就地逆置。

2. 程序分析
要将该表逆置，可以将表中的开始结点与终端结点互换，第二个结点与倒数第二个结点互换，如此反复，就可将整个表逆置。

3. 程序源代码
该实例程序的源代码如下：

```
void ReverseList( Seqlist *L)
    {
        DataType temp ;        //设置临时空间用于存放 data
        int i;
        for (i=0;i<=L->length/2;i++)  //L->length/2 为整除运算
```

```
        { temp = L->data[i];              //交换数据
          L -> data[ i ] = L -> data[ L -> length-1-i];
          L -> data[ L -> length - 1 - i ] = temp;
        }
    }
```

## 【实训 2】链表的应用

### 1. 实训说明

使用链表实现线性表的就地逆置。

### 2. 程序分析

可以用交换数据的方式来达到逆置的目的。但是由于是单链表，数据的存取不是随机的，因此算法效率太低，可以利用指针改指来达到表逆置的目的。具体情况如下：

（1）当链表为空表或只有一个结点时，该链表的逆置链表与原表相同。

（2）当链表含 2 个以上结点时，可将该链表处理成只含第一结点的带头结点链表和一个无头结点的包含该链表剩余结点的链表。然后，将该无头结点链表中的所有结点顺着链表指针，由前往后将每个结点依次从无头结点链表中摘下，作为第一个结点插入到带头结点链表中。这样就可以得到逆置的链表。

### 3. 程序源代码

```
typedef char DataType;           //假设结点的数据域类型的字符
typedef struct node{             //结点类型定义
        DataType data;           //结点的数据域
        struct node *next;       //结点的指针域
             }ListNode;
typedef ListNode *LinkList;
ListNode *p;
LinkList head;
LinkList ReverseList( LinkList head )
{//将 head 所指的单链表（带头结点）逆置
        ListNode *p ,*q ;                  //设置两个临时指针变量
        if( head->next && head->next->next)
             {//当链表不是空表或单结点时
             p=head->next;
             q=p->next;
             p -> next=NULL;   //将开始结点变成终端结点
             while (q)
                  {//每次循环将后一个结点变成开始结点
                  p=q;
                  q=q->next ;
                  p->next = head-> next ;
                  head->next = p;
                  }
             return head;
```

```
        }
    return head;   //如是空表或单结点表，直接返回 head
}
```

## 本章小结

本章讨论了数据结构中最简单的数据结构——线性表。主要介绍如下一些基本概念：

线性表：一个线性表是 n≥0 个数据元素 $a_0$, $a_1$, $a_2$, …, $a_{n-1}$ 的有限序列。

线性表的顺序存储结构：在计算机中用一组地址连续的存储单元依次存储线性表的各个数据元素，称作线性表的顺序存储结构。

线性表的链式存储结构：线性表的链式存储结构就是用一组任意的存储单元——结点（可以是不连续的）存储线性表的数据元素。表中每一个数据元素都由存放数据元素值的数据域和存放直接前驱或直接后继结点的地址（指针）的指针域组成。

循环链表：循环链表（Circular Linked List）是将单链表的表中最后一个结点指针指向链表的表头结点，整个链表形成一个环，从表中任一结点出发都可找到表中其他的结点。

双向链表：双向链表中，每一个结点除了数据域外，还包含两个指针域，一个指针（next）指向该结点的后继结点，另一个指针（prior）指向它的前驱结点。

线性的逻辑结构的特性是数据元素之间存在着线性关系，即数据元素位置上的相邻关系。在计算机中表示这种关系有两类不同的存储结构：顺序存储结构（顺序表）和链式存储结构（链表）。

顺序表的存储特点是逻辑关系上相邻的两个元素在物理位置上也相邻，因此表中任一元素的存储位置可以由表的基地址得到，也就是说顺序表是一种可随机存取的存储结构。本章介绍了顺序表的插入、删除运算的实现算法，顺序表存在以下缺点：

（1）在表头实现插入、删除等操作时，必须移动大量数据元素。

（2）表的最大容量必须预先分配，造成存储空间的浪费。

链表的存储特点是元素之间的逻辑关系用结点的地址域指针来表示，因此在逻辑上相邻上的数据元素在物理上存储位置可以不相邻。

采用链式存储方式的线性表由于数据元素之间是通过指针来指示的，因此链表也就不能随机存取，必须从头指针出发寻找所需要的数据元素，但是链表却可以动态地分配存储空间，插入和删除操作只需修改指针域。

## 习题二

1. 什么是顺序存储结构和链式存储结构？
2. 试描述头指针、头结点、开始结点的区别，并说明头指针和头结点的作用。

3．设线性表中数据元素的总数基本不变，并很少进行插入或删除工作，若要以最快的速度存取线性表中的数据元素，应选择线性表的何种存储结构？为什么？

4．画出下列数据结构的图示：顺序表；单链表；双链表；循环链表。

5．何时选用顺序表？何时选用链表作为线性表的存储结构为宜？

6．下述算法的功能是什么？

```
LinkList Demo(LinkList L){ //L 是无头结点单链表
ListNode *Q,*P;
  if(L&&L->next){
    Q=L;L=L->next;P=L;
    while (P->next) P=P->next;
    P->next=Q; Q->next=NULL;
    }
    return L;
} //Demo
```

7．试给出删除单链表中值为 k 的结点的前驱结点的算法。

8．试给出实现删除单链表中值相同的多余结点的算法。

9．试给出依次输出单链表中所有数据元素的算法。

10．试给出求单链表长度的算法。

11．试给出有序循环链表插入操作的算法。

12．将有序（降序）单链表（入口为 head）按所给关键字 key 分成两个循环链表。其中，比 key 小的所有结点组成入口为 h1 的循环链表；比 key 大的所有结点组成入口为 h2 的循环链表。

13．若多项式 $A=a_1x+a_2x^2+\cdots+a_{n-1}x^{n-1}+a_nx^n$，$B=b_1x+b_2x^2+\cdots+b_{n-1}x^{n-1}+b_nx^n$ 以单链表存储，试给出多项式相减 A-B 的算法。

# 3

# 栈和队列

 **本章学习导读**

从数据结构上看，栈和队列也是线性表，不过是两种特殊的线性表。栈只允许在表的一端进行插入或删除操作；而队列只允许在表的一端进行插入操作，在另一端进行删除操作。因而，栈和队列也被称为操作受限的线性表。通过本章的学习，读者应能掌握栈和队列的逻辑结构和存储结构，以及栈和队列的基本运算和实现算法。

## 3.1 栈

栈和队列是两种重要的线性结构。从数据结构角度看，栈和队列也是线性表，其特殊性在于栈和队列的基本操作是线性表操作的子集，是操作受限的线性表，因此可称为限定性的数据结构。从数据类型角度看，栈和队列是和线性表大不相同的两类重要的抽象数据类型。它们广泛应用在各种软件系统中，因此在面向对象的程序设计中，它们是多型数据类型。

### 3.1.1 栈的定义及其运算

1. 栈的定义

栈（stack）是限定仅在表尾进行插入和删除操作的线性表。在表中只允许进行插入和删除的一端称为栈顶（top），另一端称为栈底（bottom）。栈的插入操作通常称为入栈或进栈（push），而栈的删除操作则称为出栈或退栈（pop）。当栈中无数据元素时，称为空栈。

根据栈的定义可知，栈顶元素总是最后入栈的，因而最先出栈；栈底元素总是最先入栈的，因而最后出栈。这种表是按照后进先出（Last In First Out，LIFO）的原则组织数据的，因此，栈也被称为"后进先出"的线性表。

图 3-1 是一个栈的示意图，通常用指针 top 指向栈顶的位置，用指针 bottom 指向栈底。栈顶指针 top 动态反映栈的当前位置。

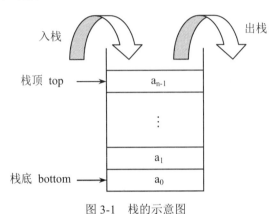

图 3-1　栈的示意图

2. 栈的基本运算

（1）initStack(s)初始化：初始化一个新的栈。

（2）empty(s)栈的是否为空判断：若栈 s 为空，返回 TRUE；否则，返回 FALSE。

（3）push(s,x)入栈：在栈 s 的顶部插入元素 x，若栈满，返回 FALSE；否则，返回 TRUE。

（4）pop(s)出栈：若栈 s 不空，返回栈顶元素，并从栈顶中删除该元素；否则，返回空元素 NULL。

（5）getTop(s)取栈顶元素：若栈 s 不空，返回栈顶元素；否则，返回空元素 NULL。

（6）setEmpty(s)置栈空操作：置栈 s 为空栈。

栈是一种特殊的线性表，因此可以采用顺序存储结构存储栈，也可以使用链式存储结构存储栈。

### 3.1.2　栈的顺序存储结构

1. 顺序栈的定义

采用顺序存储结构存储的栈称为顺序栈。利用一组地址连续的存储单元依次存放自栈底到栈顶的数据元素，设指针 top 指向栈顶元素的当前位置。

图 3-2 展示了顺序栈中数据元素与栈顶指针的变化。

用 C 语言定义的顺序存储结构的栈程序如下：

```
# define MAXNUM <最大元素数>
typedef struct {
Elemtype stack[MAXNUM];
int top; } sqstack;
```

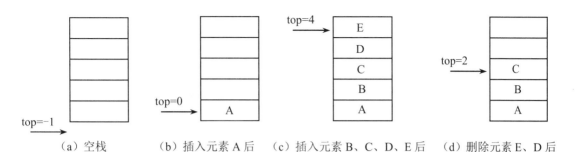

（a）空栈          （b）插入元素 A 后     （c）插入元素 B、C、D、E 后     （d）删除元素 E、D 后

图 3-2　顺序栈的示意图

　　鉴于 C 语言中数组的下标是从 0 开始的，因而使用 C 语言的一维数组存储栈时，应设栈顶指针 top=-1 时为空栈。

　　由图 3-2 可知，当 top=-1 时表示栈空；top=MAXNUM-1 时表示栈满。

2. 顺序栈的基本运算算法

（1）初始化栈。

【算法 3.1　栈的初始化】
int initStack(sqstack **s)
{/*创建一个空栈由指针 S 指出*/
　if ((*s=(sqstack*)malloc(sizeof(sqstack)))= =NULL) return FALSE;
　(*s)->top= -1;
return TRUE;
}

（2）入栈操作。

【算法 3.2　入栈操作】
int push(sqstack *s, Elemtype x)
{/*将元素 x 插入到栈 s 中，作为 s 的新栈顶*/
　if(s->top>=MAXNUM-1)　return FALSE;　　/*栈满*/
　s->top++;
　s->stack[s->top]=x;
return 　TRUE;
}

（3）出栈操作。

【算法 3.3　出栈操作】
Elemtype pop(sqstack *s)
{/*若栈 s 不为空，则删除栈顶元素*/
Elemtype　x;
　if(s->top<0) return NULL;　　　　/*栈空*/
x=s->stack[s->top];
s->top--;
return x;
}

（4）取栈顶元素操作。

【算法 3.4　取栈顶元素操作】
Elemtype getTop(sqstack *s)
{/*若栈 s 不为空，则返回栈顶元素*/
　　if(s->top<0) return NULL;　　　　　　/*栈空*/
return (s->stack[s->top]);
　　}

取栈顶元素与出栈不同之处在于出栈操作改变栈顶指针 top 的位置，而取栈顶元素操作不改变栈的栈顶指针。

（5）判栈空操作。

【算法 3.5　判栈空操作】
int Empty(sqstack *s)
{/*栈 s 为空时，返回为 TRUE；非空时，返回为 FALSE*/
　　if(s->top<0) return TRUE;
　　return FALSE;
　　}

（6）置空操作。

【算法 3.6　栈置空操作】
void setEmpty(sqstack *s)
{/*将栈 s 的栈顶指针 top，置为-1*/
s->top= -1;
　　}

注意：在栈的操作中需判断两种情况：①出栈时，判断栈是否为空。若为空，则称为下溢（underflow）；②入栈时，判断栈是否为满。若为满，则称为上溢（overflow）。

### 3.1.3　多栈共享邻接空间

一个程序中经常性的要用到多个栈，为了不发生上溢错误，就必须给每个栈预先分配一个足够大的存储空间，但在实际中很难准确地估计。另外，若每个栈都预分配过大的存储空间，势必会造成系统空间紧张。栈的共享邻接空间是指若让多个栈共用一个足够大的连续存储空间，则可利用栈的动态特性使它们的存储空间互补。

1. 双向栈在一维数组中的实现

两栈的共享是栈的共享中最常见的。假设两个栈共享一维数组 s[MAXNUM]，则可以利用栈的"栈底位置不变，栈顶位置动态变化"的特性，两个栈均为空时，两个栈顶分别为-1 和 MAXNUM，元素进栈时，两个栈顶都往中间方向延伸。因此，只要整个数组 s[MAXNUM]未被占满，无论哪个栈的入栈都不会发生上溢。

C 语言定义的这种两栈共享邻接空间的结构如下：

```
typedef struct {
    Elemtype s[MAXNUM];
    int   lefttop;          /*左栈栈顶位置指示器*/
```

```
        int    righttop;           /*右栈栈顶位置指示器*/
      } dupsqstack;
```

　　两个栈共享邻接空间的示意图如图 3-3 所示。左栈入栈时，栈顶指针加 1，右栈入栈时，栈顶指针减 1。

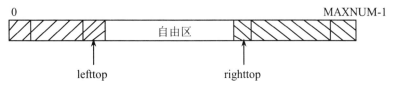

图 3-3　两个栈共享邻接空间

　　为了识别左右栈，必须另外设定标志：

```
char status;
status='L';                /*左栈*/
status='R';                /*右栈*/
```

　　在进行栈操作时，需指定栈号：status='L'为左栈，status='R'为右栈；判断栈满的条件为：

```
s->lefttop+1= =s->rigthtop;
```

　　2．共享栈的基本操作

　　（1）初始化操作。

【算法 3.7　共享栈的初始化】

```
int    initdupstack(dupsqstack ** s)
  { if ((s=(dupsqstack *)malloc(sizeof(dupsqstack)))==NULL) return FALSE;
    (*s)->lefttop=-1;
    (*s)->righttop=MAXNUM;
    return TRUE;
  }
```

　　（2）入栈操作。

【算法 3.8　共享栈的入栈操作】

```
int pushDupStack(dupsqstack *s,char status,Elemtype x)
{/*把数据元素 x 压入左栈（status='L'）或右栈（status='R'）*/
  if(s->lefttop+1= =s->righttop) return FALSE;          /*栈满*/
  if(status=='L')    s->stack[++s->lefttop]=x;          /*左栈进栈*/
    else if(status=='R')    s->stack[--s->righttop]=x;  /*右栈进栈*/
    else return FALSE;                                  /*参数错误*/
return TRUE;
}
```

　　（3）出栈操作。

【算法 3.9　共享栈的出栈操作】

```
Elemtype    popDupStack(dupsqstack *s,char status)
{/*从左栈（status='L'）或右栈（status='R'）退出栈顶元素*/
    if(status= ='L')
        { if (s->lefttop<0)
```

```
                return NULL;                    /*左栈为空*/
            else return (s->stack[s->lefttop--]);   /*左栈出栈*/   }
        else if(status=='R')
            { if (s->righttop>MAXNUM-1)
                return NULL;                    /*右栈为空*/
                else return (s->stack[s->righttop++]);  /*右栈出栈*/   }
            else    return NULL;                /*参数错误*/
            }
```

### 3.1.4  栈的链式存储结构

这种结构的栈简称为链栈，采用链式存储结构的栈，其组织形式与单链表类似。在一个链栈中，栈底就是链表的最后一个结点，而栈顶总是链表的第一个结点。因此，新入栈的元素即为链表第一个新的结点，只要系统还有存储空间，就不会有栈满的情况发生。一个链栈可由栈顶指针 top 唯一确定，当 top 为 NULL 时，是一个空栈。图 3-4 给出了链栈中数据元素与栈顶指针 top 的关系。

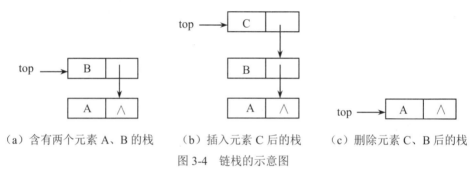

（a）含有两个元素 A、B 的栈　　（b）插入元素 C 后的栈　　（c）删除元素 C、B 后的栈

图 3-4　链栈的示意图

链栈的 C 语言定义为：

```
typedef struct Stacknode
{
Elemtype data;
struct Stacknode *next;
}slStacktype;
```

1. 单个链栈的基本操作

（1）入栈操作。

【算法 3.10　单个链栈的入栈操作】
```
int pushLstack(slStacktype **top, Elemtype x)
    {/*将元素 x 压入链栈 top 中*/
    slStacktype *p;
    if((p=(slStacktype *)malloc(sizeof(slStacktype)))==NULL) return FALSE;    /*申请一个结点*/
    p->data=x; p->next=*top; *top=p;
    return TRUE;
    }
```

（2）出栈操作。

【算法 3.11　单个链栈的出栈操作】

```
Elemtype popLstack(slStacktype **top)
  {/*从链栈 top 中删除栈顶元素*/
    slStacktype *p;
Elemtype x;
    if (*top==NULL) return NULL;      /*空栈*/
     p=*top; *top=(*top)->next;
    x=p->data;   free(p);    return x;
}
```

2．多个链栈的操作

在程序中同时使用两个以上的栈时，使用顺序栈共用邻接空间很不方便，但若用多个单链栈时，操作极为方便，这就涉及多个链栈的操作。可以将多个单链栈的栈顶指针放在一个一维数组 slStacktype *top[M];之中，让 top[0],top[1],…,top[i],…,top[M-1]指向 M 个不同的链栈，操作时只需确定栈号 i，然后以 top[i]为栈顶指针进行栈操作，就可实现各种操作。

（1）入栈操作。

【算法 3.12　多个链栈的入栈操作】

```
int pushDupLs (slStacktype *top[],int i,Elemtype x)
  {/*将元素 x 压入链栈 top[i]中*/
    slStacktype *p;
    if((p=(slStacktype *)malloc(sizeof(slStacktype)))==NULL) return FALSE;      /*申请一个结点*/
    p->data=x; p->next=top[i]; top[i]=p;
    return TRUE;
}
```

（2）出栈操作。

【算法 3.13　多个链栈的出栈操作】

```
Elemtype popDupLs (slStacktype *top[],int i)
  {/*从链栈 top[i]中删除栈顶元素*/
    slStacktype *p;
Elemtype x;
    if (top[i]==NULL) return NULL;      /*空栈*/
     p=top[i]; top[i]= top[i]->next;
    x=p->data;   free(p);    return x;
}
```

在上面的两个算法中，当指定栈号 i（0≤i≤M-1）时，只对第 i 个链栈操作，不会影响其他链栈。

## 3.2　算术表达式求值

在计算机中，任何一个表达式都是由操作数（operand）、运算符（operator）和界限符（delimiter）组成的。其中操作数可以是常数，也可以是变量或常量的标识符；运算符可以是算术运算符、关系运算符和逻辑符；界限符为左右括号和标识表达式结束的结束符。在本节中，仅讨论简单算术表达式的求值问题。在这种表达式中只含加、减、乘、除四则运算，所有运算对象均为一位非负整数。表达式的结束符为"#"。

算术四则运算的规则如下：

（1）先乘除、后加减。

（2）同级运算时先左后右。

（3）先括号内，后括号外。

计算机系统在处理表达式前，首先设置两个栈：

（1）操作数栈（OPRD）：存放处理表达式过程中的操作数。

（2）运算符栈（OPTR）：存放处理表达式过程中的运算符。开始时，在运算符栈中先在栈底压入一个表达式的结束符"#"。

表 3-1 给出了+、-、*、/、(、)和#这些算术运算符间的优先级的关系。

表 3-1　运算符间的优先级

| OP₁ \ OP₂ | + | - | * | / | ( | ) | # |
|---|---|---|---|---|---|---|---|
| + | > | > | < | < | < | > | > |
| - | > | > | < | < | < | > | > |
| * | > | > | > | > | < | > | > |
| / | > | > | > | > | < | > | > |
| ( | < | < | < | < | < | = | |
| ) | > | > | > | > | | > | > |
| # | < | < | < | < | < | | = |

表中 $OP_1$ 表示运算符栈栈顶运算符，$OP_2$ 表示读出的运算符。">"为运算符栈栈顶运算符的优先级大于读出的运算符，"="为优先级相等。

计算机系统在处理表达式时，从左到右依次读出表达式中的各个符号（操作数或运算符），每读出一个符号 ch 后，根据运算规则作如下的处理：

（1）假如是操作数，则将其压入操作数栈，并依次读下一个符号。

（2）假如是运算符，则：

1）假如读出的运算符的优先级大于运算符栈栈顶运算符的优先级，则将其压入运算符栈，并依次读下一个符号。

2）假如读出的是表达式结束符"#"，且运算符栈栈顶的运算符也为"#"，则表达式处理结束，最后的表达式的计算结果在操作数栈的栈顶位置。

3）假如读出的是"("，则将其压入运算符栈。

4）假如读出的是")"，则：

①若运算符栈栈顶不是"("，则从操作数栈连续退出两个操作数，从运算符栈中退出一个运算符，然后作相应的运算，并将运算结果压入操作数栈，然后返回 1），让 ch 继续与运算符栈栈顶元素进行比较。

②若运算符栈栈顶为"("，则从运算符栈退出"("，依次读下一个符号。

5）假如读出的运算符的优先级小于运算符栈栈顶运算符的优先级，则从操作数栈连续退出两个操作数，从运算符栈中退出一个运算符，然后作相应的运算，并将运算结果压入操作数栈。返回（2），这个 ch 继续与运算符栈栈顶元素进行比较。

图 3-5 给出了表达式 5+(6-4/2)*3 的计算过程，最后的结果为 T4，置于 OPRD 的栈顶。

以上讨论的表达式一般都是中缀表达式，是指运算符在两个操作数中间（除单目运算符外）。中缀表达式有时必须借助括号才能将运算顺序表达清楚，处理起来比较复杂。在编译系统中，对表达式的处理采用的是另外一种方法，即将中缀表达式转变为后缀表达式，然后对后缀式表达式进行处理，后缀表达式也称为逆波兰式。

波兰表示法（也称为前缀表达式）是由波兰逻辑学家（Lukasiewicz）提出的，其特点是将运算符置于运算对象的前面，如 a+b 表示为+ab；逆波兰式则是将运算符置于运算对象的后面，如 a+b 表示为 ab+。中缀表达式经过上述处理后，运算时按从左到右的顺序进行，不需要括号。得到后缀表达式后，在计算表达式时，可以设置一个栈，从左到右扫描后缀表达式，每读到一个操作数就将其压入栈中；每到一个运算符时，就从栈顶取出两个操作数进行运算，并将结果压入栈中，一直到后缀表达式读完。最后栈顶就是计算结果。

例如，将中缀表达式 A*(B+C/D)-E*F 分别转换成前缀表达式和后缀表达式。

将中缀表达式变为前（后）缀表达式的方法是：①将中缀表达式根据运算的先后顺序用括弧括起来；②移动所有的运算符取代所有最近的左（右）括弧；③删除所有的右（左）括弧。

（1）转换成前缀式，过程如下：

A*(B+C/D)-E*F→((A*(B+(C/D)))-(E*F)) → ( ( A * ( B + ( C / D ) ) ) - ( E*F ) )

结果为：-*A+B/CD*EF。

（2）转换成后缀式，过程如下：

A*(B+C/D)-E*F→((A*(B+(C/D)))-(E*F))→( ( A*( B + ( C / D ) ) ) - ( E*F ) )

结果为：ABCD/+*EF*-。

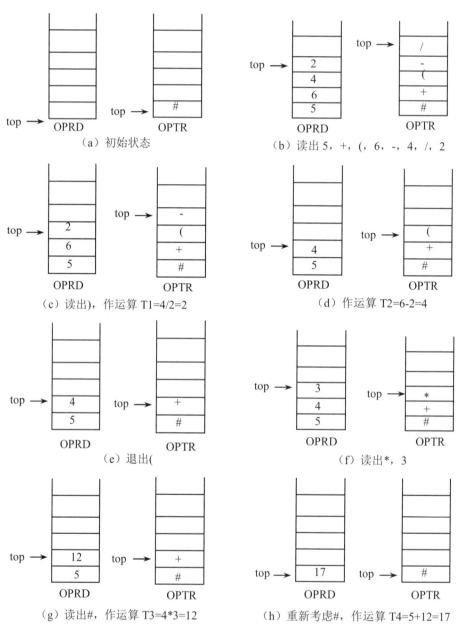

图 3-5　表达式的计算过程

下面的程序可将中缀表达式变为后缀表达式（输入的中缀式表达式以"#"结束）。

【算法 3.14　中缀表达式变为后缀表达式】
# define MAXNUM 40

```
# define FALSE 0
# define TRUE 1
#include "stdio.h"
#include "stdlib.h"
#include "string.h"
  typedef struct {
  char stack[MAXNUM];
  int top; } sqstack;

 /*初始化栈函数*/
 int initStack(sqstack **s)
{ if ((*s=(sqstack*)malloc(sizeof(sqstack)))= =NULL) return FALSE;
  (*s)->top=-1;
return TRUE;
}

/*入栈：将元素 x 插入到栈 s 中，作为 s 的新栈顶*/
int push(sqstack *s,char x)
{
   if(s->top>=MAXNUM-1) return FALSE;     /*栈满*/
     s->top++;
s->stack[s->top]=x;
return TRUE;
}

/*出栈：若栈 s 不为空，则删除栈顶元素*/
char pop(sqstack *s)
{
char   x;
   if(s->top<0) return NULL;              /*栈空*/
     x=s->stack[s->top];
s->top--;
return x;
}

/*取栈顶元素：若栈 s 不为空，则返回栈顶元素*/
char gettop(sqstack *s)
{
    if(s->top<0) return NULL;             /*栈空*/
return (s->stack[s->top]);
}

/*比较运算符 x1 与 x2 的优先*/
char precede(char x1,char x2)
{
```

```
        char result='<;
        char sting[2];
        sting[0]=x2;
        sting[1]='\0';
        if (((x1=='+'||x1=='-')&&(strstr("+-)#",sting)!=NULL))||
        ((x1=='*'||x1=='/')&&strstr("+-*/)#",sting)!=NULL)||
        (x1==')'&&strstr("+-*/)#",sting)!=NULL))
            {result='>';}
        else if(x1=='('&&x2==')'||x1=='#'&&x2=='#')
            {result='=';}
        else if (x1==')'&&x2=='('||x1=='#'&&x2==')')
            {result=' ';}
          return result;      }


        main()
          {sqstack *optr;
            char s[80],c,y; int i=0;
            gets(s);
            initStack(&optr); push(optr,'#');
            c=s[i];
            while(c!='#'||gettop(optr)!='#')
            {if(c!='+'&&c!='-'&&c!='*'&&c!='/'&&c!='('&&c!=')'&&c!='#')
                {printf("%c",c);c=s[++i];
                if(c=='\0') break;
                }
           else
                switch (precede(gettop(optr),c))
                {case '<':{push(optr,c);c=s[++i];break;}
                 case '=':{pop(optr);c=s[++i];break; }
                 case '>':{y=pop(optr);
                            printf("%c",y);
                            break;}}
            } printf("%c",'#');
}
```

# 3.3  队列

和栈相反，队列（Queue）是一种先进先出的线性表，它只允许在表的一端进行插入，在另一端删除元素。日常生活中的队列是很常见的，如排队付款。

计算机系统中输入输出缓冲区的结构是队列的应用。在计算机系统中经常会遇到两个设备之间的数据传输，不同的设备通常处理数据的速度是不同的，当需要在它们之间连续处理一批数据时，高速设备总是要等待低速设备，这就造成计算机处理效率大大降低。为了解决速度不匹配的矛盾，通常是在这两个设备之间设置一个缓冲区。这样高速设备就不必每次都等待低速设备处理完一个数据，而是把要处理的数据依次从一端加入缓冲区，使低速设备从另一端取走要处理的数据。

### 3.3.1 队列的定义及其运算

1. 队列的定义

队列（queue）是一种只允许在一端进行插入，在另一端进行删除的线性表，它是一种操作受限的线性表。在表中只允许进行插入的一端称为队尾（rear），只允许进行删除的一端称为队头（front）。队列的插入操作通常称为入队列或进队列，而队列的删除操作则称为出队列或退队列。当队列中无数据元素时，称为空队列。队头元素总是最先进队列，也总是最先出队列；队尾元素总是最后进队列，因而也是最后出队列。因此队列也被称为"先进先出"表。

假若队列 q={$a_0$, $a_1$, $a_2$, …, $a_{n-1}$}，进队列的顺序为 $a_0$, $a_1$, $a_2$, …, $a_{n-1}$，则队头元素为 $a_0$，队尾元素为 $a_{n-1}$。

图 3-6 是一个队列的示意图，通常用指针 front 指示队头的位置，用指针 rear 指向队尾。

图 3-6　队列的示意图

2. 队列的基本运算

（1）InitQueue(q)初始化：初始化一个新的空队列。

（2）Empty(q)队列是否为空判断：若队列 q 为空，则返回 TRUE；否则，返回 FALSE。

（3）InQueue(q,x)入队列：在队列 q 的尾部插入元素 x，使元素 x 成为新的队尾。若队列满，则返回 FALSE；否则，返回 TRUE。

（4）OutQueue(q)出队列：若队列 q 不空，则返回队头元素，并从队头删除该元素，队头指针指向原队头的后继元素；否则，返回空元素 NULL。

（5）Length(q)求队列长度：返回队列的长度。

队列是一种特殊的线性表，因此队列可采用顺序存储结构存储，也可以使用链式存储结构存储。

### 3.3.2 队列的顺序存储结构

1. 顺序队列的数组表示

顺序队列是指顺序存储的队列，也就是利用一组地址连续的存储单元依次存放队列中的数据元素。一般情况下，我们使用一维数组来作为队列的顺序存储空间，另外再设立两个指示器：一个为指向队头元素位置的指示器 front，另一个为指向队尾的元素位置的指示器 rear。

C 语言中，数组的下标是从 0 开始的，因此为了算法设计的方便，在此我们约定：初始化队列时，令 front=rear=-1，当插入新的数据元素时，尾指示器 rear 加 1，而当队头元素出队列时，队头指示器 front 加 1。另外在本章中约定，在非空队列中，头指示器 front 总是指向队列中实际队头元素的前面一个位置，而尾指示器 rear 总是指向队尾元素。

图 3-7 给出了队列中头尾指针的变化状态。

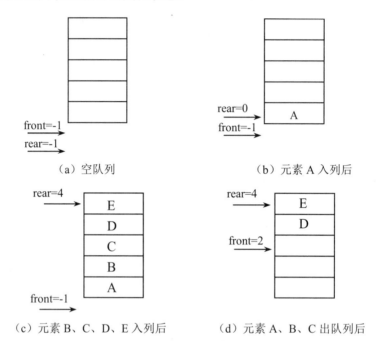

（a）空队列                        （b）元素 A 入列后

（c）元素 B、C、D、E 入列后        （d）元素 A、B、C 出队列后

图 3-7　队列的顺序存储结构

用 C 语言定义的顺序存储结构的队列如下：

```
# define MAXNUM <最大元素数>
typedef struct {
  Elemtype queue[MAXNUM];
  int front;      /*队头指示器*/
  int rear;       /*队尾指示器*/
} sqqueue;
```

2．顺序队列的基本操作

（1）初始化队列。

【算法 3.15　顺序队列的初始化】

```
int InitQueue(sqqueue **q)
{/*创建一个空队列由指针 q 指出*/
    if ((*q=(sqqueue*)malloc(sizeof(sqqueue)))= =NULL) return FALSE;
    (*q)->front= -1;
    (*q)->rear=-1;
```

```
return TRUE;
}
```

（2）入队列操作。

【算法 3.16　顺序队列的入队列操作】
```
int InQueue(sqqueue *q,Elemtype x)
{/*将元素 x 插入到队列 q 中，作为 q 的新队尾*/
  if(q->rear>=MAXNUM-1) return FALSE;          /*队列满*/
  q->rear++;
q->queue[q->rear]=x;
return TRUE;
}
```

（3）出队列操作。

【算法 3.17　顺序队列的出队列操作】
```
Elemtype OutQueue(sqqueue *q)
{/*若队列 q 不为空，则返回队头元素*/
Elemtype   x;
if(q->rear= =q->front) return NULL;                /*队列空*/
x=q->queue[++q->front];
return x;
}
```

（4）判队列是否为空操作。

【算法 3.18　顺序队列的非空判断操作】
```
int Empty(sqqueue *q)
{/*队列 q 为空时，返回 TRUE；否则返回 FALSE*/
  if (q->rear= =q->front) return TRUE;
  return FALSE;
}
```

（5）求队列长度操作。

【算法 3.19　顺序队列的求长度操作】
```
int Length(sqqueue *q)
{/*返回队列 q 的元素个数*/
  return(q->rear-q->front);
}
```

3. 循环队列

和顺序栈相类似，在队列的顺序存储结构中，除了用一组地址连续的存储单元依次存放从队列头到队列尾的元素之外，尚需附设两个指针 front 和 rear 分别指示队列头元素和队列尾元素的位置。为了在 C 语言中描述方便，在此约定：初始化建空队列时，头指针增 1。因此，在非空队列中，头指针始终指向队列头元素，而尾指针始终指向队列尾元素的下一个位置。

在顺序队列中，当队尾指针已经指向了数组的最后一个位置时，此时若有元素入列，就会发生"溢出"。在图 3-7（c）中队列空间已满，若再有元素入列，则为溢出；在图 3-7（d）中，虽然队尾指针已经指向最后一个位置，但事实上数组中还有 3 个空位置。也就是说，队列的存储空间并没有满，但队列却发生了溢出，我们称这种现象为假溢出。解决这个问题有两种可行的方法：

（1）采用平移元素的方法，当发生假溢出时，就把整个队列的元素平移到存储区的首部，然后再插入新元素。这种方法需移动大量的元素，因而效率是很低的。

（2）将顺序队列的存储区假想为一个环状的空间，如图 3-8 所示。我们可假想 q->queue[0] 接在 q->queue[MAXNUM-1]的后面。当发生假溢出时，将新元素插入到第一个位置上，这样做，虽然物理上队尾在队首之前，但逻辑上队首仍然在前。入列和出列仍按"先进先出"的原则进行，这就是循环队列。

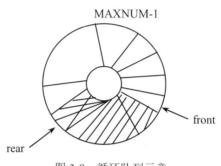

图 3-8 循环队列示意

在循环队列中，每插入一个新元素时，就把队尾指针沿顺时针方向移动一个位置。即：

```
q->rear=q->rear+1;
if(q->rear= =MAXNUM) q->rear=0;
```

在循环队列中，每删除一个元素时，就把队头指针沿顺时针方向移动一个位置。即：

```
q->front=q->front+1;
if(q->front= =MAXNUM) q->front=0;
```

图 3-9 所示为循环队列的三种状态，图 3-9（a）为队列空时，有 q->front==q->rear；图 3-9（c）为队列满时，也有 q->front==q->rear；因此仅凭 q->front==q->rear 不能判定队列是空还是满。

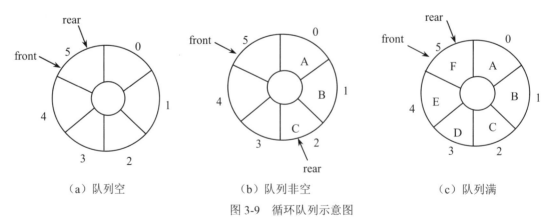

（a）队列空      （b）队列非空      （c）队列满

图 3-9 循环队列示意图

为了区分循环队列是空还是满，可以设定一个标志位 s，s=0 时为空队列，s=1 时队列非空。

用 C 语言定义循环队列结构如下：

```
typedef struct
{
Elemtype queue[MAXNUM];
int front; /*队头指示器*/
int rear; /*队尾指示器*/
int s; /*队列标志位*/
}qqueue;
```

4. 循环队列的基本操作

（1）初始化队列。

【算法 3.20　循环队列的初始化】
```
int initQueue(qqueue **q)
{/*创建一个空队列由指针 q 指出*/
   if ((*q=(qqueue*)malloc(sizeof(qqueue)))= =NULL) return FALSE;
   (*q)->front= MAXNUM;
   (*q)->rear=MAXNUM;
(*q)->s=0;         /*置队列空*/
return TRUE;
}
```

（2）入队列操作。

【算法 3.21　循环队列的入队列操作】
```
int InQueue(qqueue *q,Elemtype x)
{/*将元素 x 插入到队列 q 中，作为 q 的新队尾*/
if (( q->s= =1)&&(q->front= =q->rear)) return FALSE;     /*队列满*/
   q->rear++;
   if (q->rear= =MAXNUM) q->rear=0;
   q->queue[q->rear]=x;
   q->s=1;                          /*置队列非空*/
return TRUE;
}
```

（3）出队列操作。

【算法 3.22　循环队列的出队列操作】
```
Elemtype OutQueue(qqueue *q)
{/*若队列 q 不为空，则返回队头元素*/
Elemtype   x;
if (q->s= =0) retrun NULL;            /*队列为空*/
q->front++;
if (q->front= =MAXNUM) q->front=0;
x=q->queue[q->front];
if (q->front = =q->rear) q->s=0;        /*置队列空*/
return x; }
```

### 3.3.3 队列的链式存储结构

在 C 语言中不可能动态分配一维数组来实现循环队列。如果要使用循环队列，必须为它分配最大长度的空间。若用户无法预计所需队列的最大空间，可以采用链式结构来存储队列。

**1. 链队列的表示**

和线性表类似，队列也可以有两种存储表示。

用链表表示的队列简称为链队列。在一个链队列中需设定两个指针（头指针和尾指针）分别指向队列的头和尾。为了操作的方便，和线性链表一样，我们也给链队列添加一个头结点，并设定头指针指向头结点，因此空队列的判定条件就是头指针和尾指针都指向头结点。

图 3-10（a）所示为一个空队列；图 3-10（b）所示为一个非空队列。

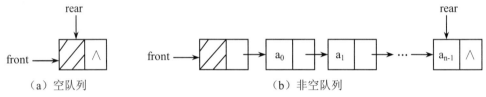

图 3-10　链队列示意图

用 C 语言定义链队列结构如下：

```
typedef struct Qnode
{Elemtype data;
struct Qnode *next;
}Qnodetype;          /*定义队列的结点*/
typedef struct
{ Qnodetype *front;  /*头指针*/
Qnodetype *rear;     /*尾指针*/
}Lqueue;
```

**2. 链队列的基本操作**

（1）初始化队列。

【算法 3.23　链队列的初始化】
```
int initLqueue(Lqueue *q)
{/*创建一个空链队列 q*/
 if ((q->front=(Qnodetype*)malloc(sizeof(Qnodetype)))= =NULL) return FALSE;
 q->rear=q->front;
q->front->next=NULL;
 return TRUE;
}
```
（2）入队列操作。

【算法 3.24　链队列的入队列操作】
```
int LInQueue(Lqueue *q,Elemtype x)
{/*将元素 x 插入到链队列 q 中，作为 q 的新队尾*/
```

```
Qnodetype *p;
if ((p=(Qnodetype*)malloc(sizeof(Qnodetype)))= =NULL) return FALSE;
p->data=x;
p->next=NULL;                /*置新结点的指针为空*/
q->rear->next=p;            /*将链队列中最后一个结点的指针指向新结点*/
q->rear=p;                  /*将队尾指向新结点*/
return TRUE;
}
```

（3）出队列操作。

【算法 3.25　链队列的出队列操作】

```
Elemtype LOutQueue(Lqueue *q)
{/*若链队列 q 不为空，则删除队头元素，返回其元素值*/
Elemtype   x;
Qnodetype *p;
if(q->front->next= =NULL) return NULL;     /*空队列*/
p=q->front->next;                          /*取队头*/
q->front->next=p->next;                    /*删除队头结点*/
if (p->next==NULL) q->rear=q->front ;
x=p->data;
free(p);
return x;
}
```

链队列的入队列操作和出队列操作实质上是单链表的插入和删除操作的特殊情况，只需要修改队尾指针或队头指针即可。

### 3.3.4　其他队列

除了栈和队列之外，还有一种限定性数据结构，它们是双端队列（double-ended queue）。

双端队列限定插入和删除操作在线性表的两端进行，可以将它看成是栈底连在一起的两个栈，但它与两个栈共享存储空间是不同的。共享存储空间的两个栈的栈顶指针是向中间扩展的，因而每个栈只需一个指针；而双端队列允许两端进行插入和删除元素，因而每个端点设立一个指针，如图 3-11 所示。

图 3-11　双端队列的示意图

在实际使用中，还有输出受限的双端队列（即一个端点允许插入和删除，另一个端点只允许插入）；输入受限的双端队列（即一个端点允许插入和删除，另一个端点只允许删除）。如果限定双端队列从某个端点插入的元素只能从该端点删除,则双端队列就蜕变为两个栈底相邻接的栈了。

尽管双端队列看起来比栈和队列更灵活，但实际中并不比栈和队列实用，故在此不再深入讨论。

# 3.4 实训项目三 栈与队列的应用

## 【实训 1】栈的应用

1. 实训说明

回文是指正读反读均相同的字符序列，如"abba"和"abdba"均是回文，但"good"不是回文。试写一个算法判定给定的字符向量是否为回文（提示：将一半字符入栈）。

2. 程序源代码

```
//以下为顺序栈的存储结构定义
    #define StackSize 100      //假定预分配的栈空间最多为 100 个元素
    typedef char DataType;     //假定栈元素的数据类型为字符
    typedef struct{
        DataType data[StackSize];
        int top;
        }SeqStack;
        int IsHuiwen( char *t)
{//判断 t 字符向量是否为回文：若是，返回 1；否则返回 0
        SeqStack s;
        int i , len;
        char temp;
        InitStack( &s);
        len=strlen(t);     //求向量长度
        for ( i=0; i<len/2; i++)     //将一半字符入栈
            Push( &s, t[i]);
        while( !EmptyStack( &s))
            {//每弹出一个字符与相应字符比较
            temp=Pop (&s);
            if( temp!=S[i]) return 0;     //不等，则返回 0
            else i++;
            }
        return 1 ; //比较完毕均相等，则返回 1
    }
```

## 【实训 2】队列的应用

### 1. 实训说明

一个双向栈 S 是在同一向量空间内实现的两个栈，它们的栈底分别设在向量空间的两端。试为此双向栈设计初始化 InitStack(S)、入栈 Push(S, i, x)和出栈 Pop(S, i)等算法，其中 i 为 0 或 1，用以表示栈号。

### 2. 程序源代码

```
//双向栈的栈结构类型与以前定义略有不同
#define StackSize 100    //假定分配了 100 个元素的向量空间
#define char DataType
typedef struct{
 DataType Data[StackSize]
 int top0;    //需设两个指针
 int top1;
   }DblStack
void InitStack( DblStack *S )
  { //初始化双向栈
    S->top0 = -1;
    S->top1 = StackSize;
  }
int EmptyStack( DblStack *S, int i )
  { //判栈空(栈号 i)
      return (i == 0 && S->top0 == -1|| i == 1 && S->top1== StackSize) ;
  }
int FullStack( DblStack *S)
  { //判栈满,满时肯定两头相遇
    return (S->top0 == S-top1-1);
  }
  void Push(DblStack *S, int i, DataType x)
  { //进栈(栈号 i)
    if (FullStack( S ))
    Error("Stack overflow");    //上溢退出运行
    if ( i == 0) S->Data[ ++ S->top0]= x;  //栈 0 入栈
    if ( i == 1) S->Data[ -- S->top1]= x;  //栈 1 入栈
  }
DataType Pop(DblStack *S, int i)
  { //出栈(栈号 i)
    if (EmptyStack ( S,i) )
    Error("Stack underflow");    //下溢退出
    if( i==0 )
    return ( S->Data[ S->top0--] );    //返回栈顶元素,指针值减 1
```

```
    if( i==1 )
    return ( S->Data[ S->top1++] );    //因为这个栈是以另一端为底的，所以指针值加 1
}
```

**本章小结**

本章主要介绍了如下一些基本概念：

栈：是一种只允许在一端进行插入和删除的线性表，它是一种操作受限的线性表。在表中只允许进行插入和删除的一端称为栈顶（top），另一端称为栈底（bottom）。栈顶元素总是最后入栈的，因而是最先出栈；栈底元素总是最先入栈的，因而也是最后出栈。因此，栈也被称为"后进先出"的线性表。

栈的顺序存储结构：利用一组地址连续的存储单元依次存放自栈底到栈顶的各个数据元素，称为栈的顺序存储结构。

双向栈：使两个栈共享一维数组 stack[MAXNUM]，利用栈的"栈底位置不变，栈顶位置动态变化"的特性，将两个栈底分别设为 0 和 MAXNUM-1，元素进栈时，两个栈顶都往中间方向延伸。

栈的链式存储结构：栈的链式存储结构就是用一组任意的存储单元（可以是不连续的）存储栈中的数据元素，这种结构的栈简称为链栈。在一个链栈中，栈底就是链表的最后一个结点，而栈顶总是链表的第一个结点。

队列：队列（queue）是一种只允许在一端进行插入，在另一端进行删除的线性表，它是一种操作受限的线性表。在表中只允许进行插入的一端称为队尾（rear），只允许进行删除的一端称为队头（front）。队头元素总是最先进队列的，也总是最先出队列；队尾元素总是最后进队列，因而也是最后出队列。因此队列也被称为"先进先出"表。

队列的顺序存储结构：利用一组地址连续的存储单元依次存放队列中的数据元素，称为队列的顺序存储结构。

队列的链式存储结构：队列的链式存储结构就是用一组任意的存储单元（可以是不连续的）存储队列中的数据元素，这种结构的队列称为链队列。在一个链队列中需设定两个指针(头指针和尾指针)分别指向队列的头和尾。

除上述基本概念以外，学生还应该了解：栈的基本操作（初始化、栈的非空判断、入栈、出栈、取栈顶元素、置栈空操作）、栈的顺序存储结构的表示、栈的链式存储结构的表示、队列的基本操作（初始化、队列非空判断、入队列、出队列、取队头元素、求队列长度）、队列的顺序存储结构、队列的链式存储结构，掌握顺序栈（入栈操作、出栈操作）、链栈（入栈操作、出栈操作）、顺序队列（入队列操作、出队列操作）、链队列（入队列操作、出队列操作）。

 习题三

1. 什么是栈？什么是队列？

2. 链栈中为何不设置头结点？

3. 循环队列的优点是什么？如何判别它是空还是满？

4. 写出算术运算式 3+4/25*8-6 的操作数栈和运算符栈的变化情况。

5. 若堆栈采用链式存储结构，初始时为空，试画出 a,b,c,d 四个元素依次进栈后栈的状态，然后再画出此时的栈顶元素出栈后的状态。

6. 试写出函数 Fibonacci 数列的递归算法和非递归算法。

$F_1=0$ （n=1）

$F_2=1$ （n=2）

$\vdots$

$F_n=F_{n-1}+F_{n-2}$ （n>2）

7. 对于一个具有 m 个单元的循环队列，写出求队列中元素个数的公式。

8. 设长度为 n 的链队用单循环链表表示，若设头指针，则入队出队操作的时间为何？ 若只设尾指针呢？

9. 有一个循环队列 q(n)，进队和退队指针分别为 r 和 f；有一个有序线性表 A[M]，请编一个把循环队列中的数据逐个出队并同时插入到线性表中的算法。若线性表满则停止退队，并保证线性表的有序性。

10. 指出下述程序段的功能是什么？

```
（1）void Demo1(SeqStack *S){
        int i; arr[64] ; n=0 ;
        while ( StackEmpty(S)) arr[n++]=Pop(S);
        for (i=0, i< n; i++) Push(S, arr[i]);
    }   //Demo1
（2）SeqStack S1, S2, tmp;
    DataType x;
    ...//假设栈 tmp 和 S2 已做过初始化
    while ( ! StackEmpty (&S1))
      {
        x=Pop(&S1) ;
        Push(&tmp,x);
      }
    while ( ! StackEmpty (&tmp) )
      {
        x=Pop( &tmp);
        Push( &S1,x);
        Push( &S2, x);
```

```
                       }
（3） void Demo2(SeqStack *S, int m)
        { //设 DataType 为 int 型
          SeqStack T; int i;
          InitStack (&T);
          while (! StackEmpty(S))
            if((i=Pop(S)) !=m) Push(&T,i);
          while (! StackEmpty(&T))
            {
               i=Pop(&T); Push(S,i);
            }
        }
（4） void Demo3(CirQueue *Q)
        { //设 DataType 为 int 型
          int x; SeqStack S;
          InitStack(&S);
          while (! QueueEmpty(Q))
            {x=DeQueue(Q); Push(&S,x);}
          while (! StackEmpty(&s))
            { x=Pop(&S); EnQueue(Q,x);}
        }//Demo3
（5） CirQueue Q1, Q2;     //设 DataType 为 int 型
      int x, i , n= 0;
   ... //设 Q1 已有内容，Q2 已初始化过
      while ( ! QueueEmpty(&Q1))
        { x=DeQueue(&Q1); EnQueue(&Q2, x); n++;}
      for (i=0; i< n; i++)
        { x=DeQueue(&Q2) ;
      EnQueue(&Q1, x); EnQueue(&Q2, x);}
```

# 4 串

在计算机的各方面应用中，非数值处理问题的应用越来越多。如在汇编程序和编译程序中，源程序和目标程序都是作为一种字符串数据进行处理的。在事务处理系统中，用户的姓名、地址及货物的名称、规格等也是字符串数据。

字符串一般简称为串，可以将它看作是一种特殊的线性表，这种线性表的数据元素的类型总是字符型的，字符串的数据对象约束为字符集。在一般线性表的基本操作中，大多以"单个元素"作为操作对象，而在串中，则是以"串的整体"或一部分作为操作对象。因此，一般线性表和串的操作有很大的不同。本章主要讨论串的基本概念、存储结构和一些基本的串处理操作。

## 4.1 串的基本概念

### 4.1.1 串的定义

串（或字符串）（String）是由零个或多个字符组成的有限序列。一般记作

$$s="c_0c_1c_2\cdots c_{n-1}" \quad （n \geqslant 0）$$

其中：

（1）s为串名，用双引号括起来的字符序列是串的值；$c_i$（$0 \leqslant i \leqslant n-1$）可以是字母、数字或其他字符；

（2）双引号为串值的定界符，不是串的一部分；

（3）字符串字符的数目 n 称为串的长度。零个字符的串称为空串，通常以两个相邻的双引号来表示空串（Null string），如：s=""，它的长度为零；仅由空格组成的串称为空格串，如：

s=" ⊔ "；若串中含有空格，在计算串长时，空格应计入串的长度中，如：s="I'm a student"的长度为 13。

注意：在 C 语言中，用单引号引起来的单个字符与单个字符的串是不同的，如 s1='a'与 s2="a"两者是不同的，s1 表示字符，而 s2 表示字符串。

### 4.1.2　主串和子串

一个串的任意个连续的字符组成的子序列称为该串的子串，包含该子串的串称为主串。称一个字符在串序列中的序号为该字符在串中的位置，子串在主串中的位置是以子串的第一个字符在主串中的位置来表示的。当一个字符在串中多次出现时，以该字符第一次在主串中出现的位置为该字符在串中的位置。

例如：s1，s2，s3 为如下的三个串：s1="I'm a student"，s2="teacher"，s3="student"。

它们的长度分别为 13、7、7。串 s3 是 s1 的子串，子串 s3 在 s1 中的位置为 7，也可以说 s1 是 s3 的主串。串 s2 不是 s1 的子串，串 s2 和 s3 不相等。

# 4.2　串的存储结构

对串的存储方式取决于我们对串所进行的运算。如果在程序设计语言中，串的运算只是作为输入或输出的常量出现，则此时只需存储该串的字符序列，这就是串值的存储。此外，一个字符序列还可赋给一个串变量，操作运算时通过串变量名访问串值。实现串名到串值的访问，在 C 语言中可以有两种方式：

（1）可以将串定义为字符型数组，数组名就是串名，串的存储空间分配在编译时完成，程序运行时不能更改，这种方式为串的静态存储结构。

（2）定义字符指针变量，存储串值的首地址，通过字符指针变量名访问串值，串的存储空间分配是在程序运行时动态分配的，这种方式称为串的动态存储结构。

### 4.2.1　串值的存储

我们称串是一种特殊的线性表，因此串的存储结构表示也有两种方法：静态存储采用顺序存储结构；动态存储采用的是链式存储和堆存储结构。

1．串的静态存储结构

类似于线性表的顺序存储结构，用一组地址连续的存储单元存储串值的字符序列。由于一个字符只占 1 个字节，而现在大多数计算机的存储器地址是采用的字编址，一个字（即一个存储单元）占多个字节，因此顺序存储结构方式有两种：

（1）紧缩格式：即一个字节存储一个字符。这种存储方式可以在一个存储单元中存放多个字符，充分地利用了存储空间。但在串的操作运算时，若要分离某一部分字符时，则变得非常麻烦。

图 4-1 所示是以 4 个字节为一个存储单元的存储结构，每个存储单元可以存放 4 个字符。对于给定的串 s="data ⎵ structure"，在 C 语言中采用字符'\0'作串值的结束符。串 s 的串值连同结束符的长度共 15，只需 4 个存储单元。

（2）非紧缩格式：这种方式是以一个存储单元为单位，每个存储单元仅存放一个字符。这种存储方式的空间利用率较低，如一个存储单元有 4 个字节，则空间利用率仅为 25%。但这种存储方式中不需要分离字符，因而程序处理字符的速度高。图 4-2 即为这种结构的示意图。

| d | a | t | a |
|---|---|---|---|
| ⎵ | S | t | r |
| u | c | t | u |
| r | e | \0 | |

图 4-1　串值的紧缩格式存储

| d | | | |
|---|---|---|---|
| a | | | |
| t | | | |
| a | | | |
| ⎵ | | | |
| s | | | |
| t | | | |
| r | | | |
| u | | | |
| c | | | |
| t | | | |
| u | | | |
| r | | | |
| e | | | |
| \0 | | | |

图 4-2　串值的非紧缩格式存储

用字符数组存放字符串时，其结构用 C 语言定义如下：

```
#define MAXNUM <允许的最大的字符数>
typedef struct
{
    char str[MAXNUM];
    int length;    /*串长度*/
} stringtype;    /*串类型定义*/
```

由上述讨论可知，串的顺序存储结构有两大不足之处：一是需事先预定义串的最大长度，这在程序运行前是很难估计的；二是由于定义了串的最大长度，使得串的某些操作受限，如串的联接运算等。

## 2. 串的动态存储结构

串的各种运算与串的存储结构有很大的关系，在随机存取子串时，顺序存储方式操作起来比较方便，而对串进行插入、删除等操作时，顺序存储方式使操作变得很复杂。因此，有必要采用串的动态存储方式。

串的动态存储方式采用链式存储结构和堆存储结构两种形式：

（1）链式存储结构。

串的链式存储结构中每个结点包含字符域和结点链接指针域，字符域用于存放字符，指针域用于存放指向下一个结点的指针，因此，串可用单链表表示。

用链表存放字符串时，其结构用 C 语言定义如下：

```
typedef struct node{
char str;
struct node    *next;
} slstrtype;
```

用单链表存放串，每个结点仅存储一个字符，如图 4-3 所示，因此每个结点的指针域所占空间比字符域所占空间要大得多。为了提高空间的利用率，我们可以使每个结点存放多个字符，称为块链结构，如图 4-4 所示为每个结点存放 4 个字符。

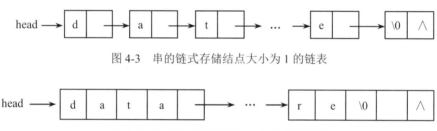

图 4-3    串的链式存储结点大小为 1 的链表

图 4-4    串的链式存储结点大小为 4 的链表

用块链存放字符串时，其结构用 C 语言定义如下：

```
typedef struct node{
char str[4];
struct node    *next;
} slstrtype;
```

（2）堆存储结构。

堆存储结构的特点是仍以一组空间足够大的、地址连续的存储单元存放串值字符序列，但字符串的存储空间是在程序执行过程中动态分配的。每当产生一个新串时，系统就从剩余空间的起始处为串值分配一个长度和串值长度相等的存储空间。

在 C 语言中，存在一个称为"堆"的自由空间，由动态分配函数 malloc() 分配一块实际串长所需的存储空间，如果分配成功，则返回一个指向这段空间的起始地址的指针，作为串的基址。由 free() 释放串不再需要的空间。

用堆存放字符串时，其结构用 C 语言定义如下：

```
typedef struct{
char *str;
int length;
} HSstrtype;
```

## 4.2.2　串名的存储映像

　　串名的存储映像就是建立了串名和串值之间的对应关系的一个符号表。在这个表中的项目可以依据实际需要来设置，以能方便地存取串值为原则。

　　如：

s1="data"

s2="structure"

　　假若一个单元仅存放 1 个字符，则上面两个串的串值顺序存储如图 4-5 所示。

地址　800　　803　804　　　　　　　　　812

串值

图 4-5　串 s1 和 s2 的存储状态

　　若符号表中每行包含有串名、串值的始地址、尾地址，则如图 4-6（a）所示；也可以不设尾地址，而设置串名、串值的始地址和串的长度值，则如图 4-6（b）所示。

| 串名 | 始地址 | 尾地址 |
|---|---|---|
| S1 | 800 | 803 |
| S2 | 804 | 812 |

（a）

| 串名 | 始地址 | 串长 |
|---|---|---|
| S1 | 800 | 4 |
| S2 | 804 | 9 |

（b）

图 4-6　符号表示例

　　对于链式存储串值的方式，如果要建立串变量的符号表，则只需要存入一个链表的表头指针即可。

# 4.3　串的基本运算及其实现

　　串的基本运算有赋值、连接、求串长、求子串、求子串在主串中出现的位置、判断两个串是否相等、删除子串等。在本节中，尽可能以 C 语言的库函数表示其中的一些运算，若没有库函数，则用自定义函数说明。

## 4.3.1　串的基本运算

　　（1）strcpy(str1,str2)字符串拷贝（赋值）：把 str2 指向的字符串拷贝到 str1 中，返回 str1。

67

库函数和形参说明如下：

char * strcpy(char * str1,char * str2)

（2）strcat(str1,str2)字符串的连接：把字符串 str2 接到 str1 后面，str1 最后的结尾符'\0'被取消，返回 str1。库函数和形参说明如下：

char * strcat(char * str1,char * str2)

（3）strlen(str)求字符串的长度：统计字符串 str 中字符的个数（不包括'\0'），返回字符的个数，若 str 为空串，则返回值为 0。库函数和形参说明如下：

unsigned int strlen(char *str)

（4）strstr(str1,str2)子串的查询：找出子串 str2 在主串 str1 第一次出现的位置（不包括子串 str2 的结尾符），返回该位置的指针，若找不到，返回空指针 NULL。库函数和形参说明如下：

char * strstr(char * str1,char * str2)

（5）strcmp(str1,str2)字符串的比较：比较两个字符串 str1、str2。若 str1＜str2，则返回负数；若 str1＞str2，则返回正数；若 str1=str2，则返回 0。库函数和形参说明如下：

int strcmp (char * str1,char * str2)

（6）substr(str1,str2,m,n)求子串：在字符串 str1 中，从第 m 个字符开始，取 n 个长度的子串 str2。若 m＞strlen(str)或 n<0，则返回空值 NULL。自定义函数和形参说明如下：

int    substr(char * str1,char *str2,int m,int n)

（7）delstr(str,m,n)字符串的删除：在字符串 str 中，删除从第 m 个字符开始的 n 个长度的子串。

（8）Insstr(str1,m,str2)字符串的插入：在字符串 str1 第 m 个位置之前开始，插入字符串 str2，返回 str1。

对字符串的置换可以通过求串长、删除子串、字符串的联接等基本运算来实现。

### 4.3.2　串的基本运算及其实现

本节将讨论串值在静态存储方式和动态存储方式下如何实现运算。

如前所述，串的存储可以是静态的，也可以是动态的。静态存储在程序编译时就分配了存储空间，而动态存储只能在程序执行时才分配存储空间。不论在哪种方式下，都能实现串的基本运算。

1. 在静态存储结构方式下进行存储

C 语言中用字符数组存储字符串时，结构定义如下：

```
#define MAXNUM   80
typedef struct {
    char str[MAXNUM];
    int length;     /*串长度*/
} stringtype;       /*串类型定义*/
```

求将字符串存储到字符数组中，串的长度可以通过函数 strlen()计算得到。算法如下：

【算法 4.1 静态存储方式】

```
void main()
{
    struct stringtype s1;
    gets(s1.str1);                    //字符串的存储
    s1.length=strlen(s1.str1);        //计算字符串的长度
    printf("\n%s,%d",s1.str1,s1.length);
}
```

在上述算法中，使用数组存放字符串，串长用显式方式给出。

2．在动态存储结构方式下进行存储

（1）在链式存储结构方式下。假设链表中每个结点仅存放一个字符，则单链表定义如下：

```
typedef struct node
{
    char str;
    struct node *next;
};
```

创建链表的算法如下：

【算法 4.2 链式存储方式】

```
struct node *create(void)
{
    struct node *head;
    struct student *p1,*p2;
    int n=0;
    p1=p2=(struct node *)malloc(LEN);
    scanf("%c",&p1->str);
    head=NULL;
    while(p1->str!='0')
    {
        n=n+1;
        if(n==1)
            head=p1;
        else
            p2->next=p1;
        p2=p1;
        p1=(struct node *)malloc(LEN);
        scanf("%c",&p1->str);
    }
    p2->next=NULL;
    return(head);
}
```

在上述算法中，每个结点只存放一个字符，字符串的存储空间浪费很大，我们可以使用块链结构存储串，有兴趣的读者可以设计该算法。

（2）在堆存储结构方式下。堆存储结构用 C 语言定义为：

```
typedef struct Hsstrtype
{
char *str;
int length;
} ;
```

在创建存储空间时需要创建两个存储空间，因为字符串并不是存储在结构体中，所以需要另外分配一个空间。

【算法 4.3 链式存储方式】
```
#define MAXNUM 800
typedef struct HSstrtype
{
char *str;
int length;
};
void main()
{
    struct HSstrtype *s1;
    printf("\n");
    s1=(struct HSstrtype *)malloc(sizeof(struct HSstrtype));    //创建结构体的存储空间
    s1->str=(char *)malloc(MAXNUM);                             //创建字符串的存储空间
    gets(s1->str);
    for(s1->length=0;*s1->str;s1->str++)
            s1->length++;                                      //计算字符串的长度
    for(s1->str=s1->str-s1->length;*s1->str;s1->str++)
            printf("%c",*s1->str);
    printf("%d",s1->length);
}
```

## 4.4 文本编辑

文本编辑是串的一个很典型的应用。它被广泛用于各种源程序的输入和修改，也被应用于信函、报刊、公文、书籍的输入、修改和排版。文本编辑的实质就是修改字符数据的形式或格式。在各种文本编辑程序中，它们把用户输入的所有文本都作为一个字符串。尽管各种文本编辑程序的功能可能有强有弱，但是它们的基本的操作都是一致的，一般包括串的输入、查找、修改、删除、输出等。

例如有下列一段源程序：

```
main()
{
    int a,b,c;
    scanf("%d,%d",&a,&b);
```

```
        c=a+b;
        printf("%d",c);
    }
```

我们把这个源程序看成是一个文本，为了编辑的方便，总是利用换行符把文本划分为若干行，还可以利用换页符将文本组成若干页，这样整个文本就是一个字符串，简称为文本串，其中的页为文本串的子串，行又是页的子串。将它们按顺序方式存入计算机内存中，如表 4-1 所示（图中✓表示回车符）。

表 4-1　文本格式示例

800

| m | a | i | n | ( | ) | ✓ |   |   | { | i | n | t |   | a | , | b |
| c | ; | ✓ |   |   | s | c | a | n | f | ( | " | % | d | , | % | d | " |
| , | & | a | , | & | b | ; | ✓ |   |   | c | = | a | + | b | ; | ✓ |
| p | r | i | n | t | f | ( | " | % | d | " | , | c | ) | ; | ✓ |
| } | ✓ |

在输入程序的同时，文本编辑程序先为文本串建立相应的页表和行表，即建立各子串的存储映像。串值存放在文本工作区，将页号和该页中的起始行号存放在页表中，行号、串值的存储起始地址和串的长度记录在行表。由于使用了行表和页表，新的一页或一行可存放在文本工作区的任何一个自由区中，页表中的页号和行表中的行号是按递增的顺序排列的，如表 4-2 所示（设程序的行号从 110 开始）。

表 4-2　行表及其信息排列

| 行号 | 起始地址 | 长度 |
| --- | --- | --- |
| 110 | 800 | 7 |
| 120 | 809 | 12 |
| 130 | 823 | 21 |
| 140 | 846 | 7 |
| 150 | 855 | 16 |
| 160 | 873 | 2 |

下面就来讨论文本的编辑。

（1）插入一行时，首先在文本末尾的空闲工作区写入该行的串值，然后在行表中建立该行的信息，插入后，必须保证行表中行号是从小到大的顺序。若插入行 145，则行表中从 150 开始的各行信息必须向下平移一行。

（2）删除一行时，只要在行表中删除该行的行号，后面的行号向前平移。若删除的行是页的起始行，则还要修改相应页的起始行号（改为下一行）。

（3）修改文本时，在文本编辑程序中设立了页指针、行指针和字符指针，分别指向当前操作的页、行和字符。若在当前行内插入或删除若干字符，则要修改行表中当前行的长度。如果该行的长度超出了分配给它的存储空间，则应为该行重新分配存储空间，同时还要修改该行的起始位置。

对页表的维护与行表类似，在此不再叙述，有兴趣的同学可设计其中的算法。

# 4.5  实训项目四  成绩管理系统

### 【实训】成绩管理系统

1. 实训说明

本实训是关于串的应用，在本实训中主要利用串的链式存储结构，对学生的各项记录动态的存储，并且将结果保存在文件中，可以调用以前的数据。从而加深对串的基本存储方法和基本运算的了解，以及简单的文件操作。

设计要求：可以完成学生数据的输入输出，并进行简单的管理。

要求实现以下的基本功能模块：

①输入学生成绩；②删除学生成绩；③显示所有学生；

④保存为文本文件；⑤从文件读取。

完成以上模块后，有兴趣可以考虑以下功能模块的实现：

①将文件进行复制；②进行排序；③将学生成绩追加到文本文件；

④进行分类汇总。

2. 程序分析

采用链式存储方式，要定义一个结构体：

```
typedef struct z1    /*定义数据结构*/
{
    char no[11];
    char name[15];
    int score[N];
    float sum;
    float average;
    int order;
    struct z1 *next;
}STUDENT;
```

定义以下函数：

（1）STUDENT   *init();

初始化函数。

（2）STUDENT *create();

创建链表，输入学生数据，当学号为@时，停止输入。

（3）STUDENT *delete(STUDENT *h);

删除记录，根据学号进行删除，删除成功后返回头指针。

（4）void print(STUDENT *h);

显示所有记录。

（5）void save(STUDENT *h);

以文本文件保存学生成绩，输入文件名要标明路径，如果没有该文件，则自动创建一个新文件。

（6）STUDENT *load();

读取记录。

3. 程序源代码

```
#include "stdio.h"              /*I/O 函数*/
#include "stdlib.h"             /*其他说明*/
#include "string.h"             /*字符串函数*/
#include "conio.h"              /*屏幕操作函数*/
#include "mem.h"                /*内存操作函数*/
#include "ctype.h"              /*字符操作函数*/
#include "alloc.h"              /*动态地址分配函数*/
#define N 3                     /*定义常数*/
typedef struct z1               /*定义数据结构*/
{
    char no[11];
    char name[15];
    int score[N];
    float sum;
    float average;
    int order;
    struct z1 *next;
}STUDENT;
STUDENT *init();                /*初始化函数*/
STUDENT *create();              /*创建链表*/
STUDENT *delete(STUDENT *h);    /*删除记录*/
void print(STUDENT *h);         /*显示所有记录*/
void search(STUDENT *h);        /*查找*/
void save(STUDENT *h);          /*保存*/
STUDENT *load();                /*读入记录*/
int menu_select();              /*菜单函数*/
main()
{
    int i;
    STUDENT *head;              /*链表定义头指针*/
```

```
        head=init();                             /*初始化链表*/
        clrscr();                                /*清屏*/
        for(;;)                                  /*无限循环*/
        {
            switch(menu_select())                /*调用主菜单函数，返回值整数作为开关语句的条件*/
            {                                    /*值不同，执行的函数不同，break 不能省略*/
             case 0:head=init();break;           /*执行初始化*/
             case 1:head=create();break;         /*创建链表*/
             case 2:head=delete(head);break;     /*删除记录*/
             case 3:print(head);break;           /*显示全部记录*/
             case 4:search(head);break;          /*查找记录*/
             case 5:save(head);break;            /*保存文件*/
             case 6:head=load(); break;          /*读文件*/
             case 7:exit(0);                     /*如菜单返回值为 7，程序结束*/
            }
        }
}
menu_select()
{
    char *menu[]={"**************MENU**************",   /*定义菜单字符串数组*/
    " 0. init list",                         /*初始化*/
    " 1. Enter list",                        /*输入记录*/
    " 2. Delete a record from list",         /*从表中删除记录*/
    " 3. print list ",                       /*显示单链表中所有记录*/
    " 4. Search record on name",             /*按照姓名查找记录*/
    " 5. Save the file",                     /*将单链表中记录保存到文件中*/
    " 6. Load the file",                     /*从文件中读入记录*/
    "7. Quit"};                              /*退出*/
    char s[3];                               /*以字符形式保存选择号*/
    int c,i;                                 /*定义整形变量*/
    gotoxy(1,25);                            /*移动光标*/
    printf("press any key enter menu......\n"); /*按任一键进入主菜单*/
    getch();                                 /*输入任一键*/
    clrscr();                                /*清屏幕*/
    gotoxy(1,1);                             /*移动光标*/
    textcolor(YELLOW);                       /*设置文本显示颜色为黄色*/
    textbackground(BLUE);                    /*设置背景颜色为蓝色*/
    gotoxy(10,2);                            /*移动光标*/
    putch(0xc9);                             /*输出左上角边框 ┌*/
    for(i=1;i<44;i++)
        putch(0xcd);                         /*输出上边框水平线*/
    putch(0xbb);                             /*输出右上角边框 ┐*/
    for(i=3;i<20;i++)
    {
        gotoxy(10,i);putch(0xba);            /*输出左垂直线*/
        gotoxy(54,i);putch(0xba);
```

```
    }                                  /*输出右垂直线*/
    gotoxy(10,20);putch(0xc8);         /*输出左上角边框 ∟*/
    for(i=1;i<44;i++)
        putch(0xcd);                   /*输出下边框水平线*/
    putch(0xbc);                       /*输出右下角边框 ⌐ */
    window(11,3,53,19);                /*制作显示菜单的窗口，大小根据菜单条数设计*/
    clrscr();                          /*清屏*/
    for(i=0;i<16;i++)                  /*输出主菜单数组*/
    {
        gotoxy(10,i+1);
        cprintf("%s",menu[i]);
    }
    textbackground(BLACK);             /*设置背景颜色为黑色*/
    window(1,1,80,25);                 /*恢复原窗口大小*/
    gotoxy(10,21);                     /*移动光标*/
    do{
        printf("\n Enter you choice(0~6，14(exit)):");    /*在菜单窗口外显示提示信息*/
        scanf("%s",s);                 /*输入选择项*/
        c=atoi(s);                     /*将输入的字符串转化为整型数*/
    }while(c<0||c>14);                 /*选择项不在 0~14 之间重输*/
    return c;                          /*返回选择项，主程序根据该数调用相应的函数*/
}
STUDENT *init()
{
    return NULL;
}

/*创建链表*/
STUDENT *create()
{
    int i; int s;
    STUDENT *h=NULL,*info;             /*STUDENT 指向结构体的指针*/
    for(;;)
    {
        info=(STUDENT *)malloc(sizeof(STUDENT));   /*申请空间*/
        if(!info)                      /*如果指针 info 为空*/
        {
         printf("\nout of memory");    /*输出内存溢出*/
         return NULL;                  /*返回空指针*/
        }
        inputs("enter no:",info->no,11);     /*输入学号并校验*/
        if(info->no[0]=='@') break;    /*如果学号首字符为@则，结束输入*/
        inputs("enter name:",info->name,15);  /*输入姓名并校验*/
        printf("please input %d score \n",N);  /*提示开始输入成绩*/
        s=0;                           /*计算每个学生的总分，初值为 0*/
        for(i=0;i<N;i++)               /*N 门课程循环 N 次*/
```

```
        {
        do{
            printf("score%d:",i+1);                      /*提示输入第几门课程*/
            scanf("%d",&info->score[i]);                 /*输入成绩*/
            if(info->score[i]>100||info->score[i]<0)     /*确保成绩在 0~100 之间*/
                printf("bad data,repeat input\n");       /*出错提示信息*/
        }while(info->score[i]>100||info->score[i]<0);
        s=s+info->score[i];                              /*累加各门课程成绩*/
        }
        info->sum=s;                                     /*将总分保存*/
        info->average=(float)s/N;                        /*求出平均值*/
        info->order=0;                                   /*未排序前此值为 0*/
        info->next=h;                                    /*将头结点作为新输入结点的后继结点*/
        h=info;                                          /*新输入结点为新的头结点*/
    }
    return(h);                                           /*返回头指针*/
}
/*输入字符串，并进行长度验证*/
inputs(char *prompt, char *s, int count)
{
    char p[255];
    do{
        printf(prompt);                 /*显示提示信息*/
        scanf("%s",p);                  /*输入字符串*/
        if(strlen(p)>count)printf("\n too long! \n");    /*进行长度校验，若超过 count 值，则重输入*/
    }while(strlen(p)>count);
    strcpy(s,p);                        /*将输入的字符串拷贝到字符串 s 中*/
}
/*输出链表中结点信息*/
void print(STUDENT *h)
{
    int i=0;                            /*统计记录条数*/
    STUDENT *p;                         /*移动指针*/
    clrscr();                           /*清屏*/
    p=h;                                /*初值为头指针*/
    printf("\n\n\n****************************STUDENT**********************************\n");
    printf("|rec|no         |        name       | sc1| sc2| sc3|    sum   |   ave   |order|\n");
    printf("|---|----------|---------------|----|----|----|--------|-------|-----|\n");
    while(p!=NULL)
    {
        i++;
        printf("|%3d |%-10s|%-15s|%4d|%4d|%4d| %4.2f | %4.2f | %3d |\n", i, p->no,p->name,p->score[0],
               p-> score[1],p->score[2],p->sum,p->average,p->order);
        p=p->next;
    }
```

```
        printf("******************************end******************************\n");
}
/*删除记录*/
STUDENT *delete(STUDENT *h)
{
        STUDENT *p,*q;                      /*p 为查找到要删除的结点指针，q 为其前驱指针*/
        char s[11];                          /*存放学号*/
        clrscr();                            /*清屏*/
        printf("please deleted no\n");      /*显示提示信息*/
        scanf("%s",s);                       /*输入要删除记录的学号*/
        q=p=h;                               /*给 q 和 p 赋初值头指针*/
        while(strcmp(p->no,s)&&p!=NULL)      /*当记录的学号不是要找的，或指针不为空时*/
        {
            q=p;                             /*将 p 指针值赋给 q 作为 p 的前驱指针*/
            p=p->next;                       /*将 p 指针指向下一条记录*/
        }
        if(p==NULL)                          /*如果 p 为空，说明链表中没有该结点*/
            printf("\nlist no %s student\n",s);
        else                                 /*p 不为空，显示找到的记录信息*/
        {
            printf("****************************have found****************************\n");
            printf("|no          |    name     | sc1| sc2| sc3|    sum    |  ave  |order|\n");
            printf("|----------|--------------|----|----|----|--------|-------|-----|\n");
            printf("|%-10s|%-15s|%4d|%4d|%4d| %4.2f | %4.2f | %3d |\n", p->no,
            p->name,p->score[0],p->score[1],p->score[2],p->sum,
            p->average,p->order);
            printf("****************************end****************************\n");
            getch();                         /*按任一键后，开始删除*/
            if(p==h)                         /*如果 p==h，说明被删结点是头结点*/
                h=p->next;                   /*修改头指针指向下一条记录*/
            else
                q->next=p->next;             /*不是头指针，将 p 的后继结点作为 q 的后继结点*/
            free(p);                         /*释放 p 所指结点空间*/
            printf("\n have deleted No %s student\n",s);
            printf("Don't forget save\n");   /*提示删除后不要忘记保存文件*/
        }
        return(h);                           /*返回头指针*/
}
STUDENT   *insert(STUDENT *h)               /*插入记录*/
{
        STUDENT *p,*q,*info;                 /*p 指向插入位置，q 是其前驱，info 指新插入记录*/
        char s[11];                          /*保存插入点位置的学号*/
        int s1,i;
        printf("please enter location    before the no\n");
        scanf("%s",s);                       /*输入插入点学号*/
        printf("\nplease new record\n");     /*提示输入记录信息*/
```

```
info=(STUDENT *)malloc(sizeof(STUDENT));          /*申请空间*/
if(!info)
{
    printf("\nout of memory");              /*如没有申请到，内存溢出*/
    return NULL;                            /*返回空指针*/
}
inputs("enter no:",info->no,11);            /*输入学号*/
inputs("enter name:",info->name,15);        /*输入姓名*/
printf("please input %d score \n",N);       /*提示输入分数*/
s1=0;                                       /*保存新记录的总分，初值为 0*/
for(i=0;i<N;i++)                            /*N 门课程循环 N 次输入成绩*/
{
    do{                                     /*对数据进行验证，保证在 0~100 之间*/
    printf("score%d:",i+1);
    scanf("%d",&info->score[i]);
    if(info->score[i]>100||info->score[i]<0)
        printf("bad data,repeat input\n");
    }while(info->score[i]>100||info->score[i]<0);
    s1=s1+info->score[i];                   /*计算总分*/
}
info->sum=s1;                               /*将总分存入新记录中*/
info->average=(float)s1/N;                  /*计算平均分*/
info->order=0;                              /*名次赋值为 0*/
info->next=NULL;                            /*设后继指针为空*/
p=h;                                        /*将指针赋值给 p*/
q=h;                                        /*将指针赋值给 q*/
while(strcmp(p->no,s)&&p!=NULL)             /*查找插入位置*/
{
    q=p;                                    /*保存指针 p，作为下一个 p 的前驱*/
    p=p->next;                              /*将指针 p 后移*/
}
if(p==NULL)                                 /*如果 p 指针为空，说明没有指定结点*/
    if(p==h)                                /*同时 p 等于 h，说明链表为空*/
    h=info;                                 /*新记录为头结点*/
    else
    q->next=info;                           /*p 为空，但 p 不等于 h，将新结点插在表尾*/
else
    if(p==h)                                /*p 不为空，则找到了指定结点*/
    {
    info->next=p;                           /*如果 p 等于 h，则将新结点插入在第一个结点之前*/
    h=info;                                 /*新结点为新的头结点*/
    }
    else
    {
    info->next=p;                           /*不是头结点，则是中间某个位置，新结点的后继为 p*/
    q->next=info;                           /*新结点作为 q 的后继结点*/
```

```
        }
        printf("\n ----have inserted %s student----\n",info->name);        printf("---Don't forget save---\n");        /*提
示存盘*/
        return(h);                                /*返回头指针*/
    }
    /*保存数据到文件*/
    void save(STUDENT *h)
    {
        FILE *fp;                                /*定义指向文件的指针*/
        STUDENT *p;                              /*定义移动指针*/
        char outfile[10];                        /*保存输出文件名*/
        printf("Enter outfile name,for example c:\\f1\\te.txt:\n");        /*提示文件名格式信息*/
        scanf("%s",outfile);
        if((fp=fopen(outfile,"wb"))==NULL)        /*为输出打开一个二进制文件，如没有则建立新的*/
        {
            printf("can not open file\n");
            exit(1);
        }
        printf("\nSaving file......\n");          /*打开文件，提示正在保存*/
        p=h;                                     /*从头指针开始移动指针*/
        while(p!=NULL)                           /*如 p 不为空*/
        {
            fwrite(p,sizeof(STUDENT),1,fp);       /*写入一条记录*/
            p=p->next;                           /*指针后移*/
        }
        fclose(fp);                              /*关闭文件*/
        printf("-----save success!!-----\n");     /*显示保存成功*/
    }
    /*从文件读数据*/
    STUDENT *load()
    {
        STUDENT *p,*q,*h=NULL;                   /*定义记录指针变量*/
        FILE *fp;                                /*定义指向文件的指针*/
        char infile[10];                         /*保存文件名*/
        printf("Enter infile name,for example c:\\f1\\te.txt:\n");
        scanf("%s",infile);                      /*输入文件名*/
        if((fp=fopen(infile,"rb"))==NULL)         /*打开一个二进制文件，为只读方式*/
        {
            printf("can not open file\n");        /*如果不能打开，结束程序*/
            exit(1);
        }
        printf("\n -----Loading file!-----\n");
        p=(STUDENT *)malloc(sizeof(STUDENT));     /*申请空间*/
        if(!p)
        {
            printf("out of memory!\n");           /*如果没有申请到，则内存溢出*/
```

```
        return h;                           /*返回空头指针*/
    }
    h=p;                                    /*申请到空间，将其作为头指针*/
    while(!feof(fp))                        /*循环读数据，直到文件尾结束*/
    {
        if(1!=fread(p,sizeof(STUDENT),1,fp))
        break;                              /*如果没读到数据，跳出循环*/
        p->next=(STUDENT *)malloc(sizeof(STUDENT));      /*为下一个结点申请空间*/
        if(!p->next)
        {
        printf("out of memory!\n");         /*如果没有申请到，则内存溢出*/
        return h;
        }
        q=p;                                /*保存当前结点的指针，作为下一结点的前驱*/
        p=p->next;                          /*指针后移，新读入数据链到当前表尾*/
    }
    q->next=NULL;                           /*最后一个结点的后继指针为空*/
    fclose(fp);                             /*关闭文件*/
    printf("---You have success read data from file!!!---\n");
    return h;                               /*返回头指针*/
}
```

最后程序运行结果如下所示：

```
*********************MENU*************************
0.  Init list
1.  Enter list
2.  Delete a record from list
3.  Print list
4.  Search record on name
5.  Save the file
6.  Load the file
7.  Quit
Enter you choice(0~7):
```

 本章小结

本章主要介绍了如下一些基本概念：

串：串（或字符串）（String）是由零个或多个字符组成的有限序列。

主串和子串：一个串的任意个连续的字符组成的子序列称为该串的子串，包含该子串的串称为主串。

串的静态存储结构：类似于线性表的顺序存储结构，用一组地址连续的存储单元存储串值的字符序列的存储方式称为串的顺序存储结构。

堆存储结构：用一组空间足够大的、地址连续的存储单元存放串值字符序列，但其存储

空间在程序执行过程中能动态分配的存储方式称为堆存储结构。

串的链式存储结构：类似于线性表的链式存储结构，采用链表方式存储串值字符序列的存储方式称为串的顺序存储结构。

串名的存储映像：串名的存储映像就是建立串名和串值之间的对应关系的一个符号表。

除上述基本概念以外，学生还应该了解串的基本运算、字符串拷贝（赋值、字符串的联接、求字符串的长度、子串的查询、字符串的比较）、串的静态存储结构的表示、串的链式存储结构的表示、串的堆存储结构的表示，能在各种存储结构方式中求字符串的长度、能在各种存储结构方式中利用 C 语言提供的串函数进行操作。

 习题四

1．简述空串与空格串、串变量与串常量、主串与子串、串名与串值每对术语的区别。

2．两个字符串相等的充分条件是什么？

3．串有哪几种存储结构？

4．已知两个串：s1="fg cdb cabcadr"，s2="abc"，试求两个串的长度，判断串 s2 是否是串 s1 的子串，并指出串 s2 在串 s1 中的位置。

5．已知：s1="I'm a student"，s2="student"，s3="teacher"，试求下列各运算的结果：

strstr(s1,s2);

strlen(s1);

strcat(s2,s3);

delstr(s1,4,10);

insstr(str1,7,s3)。

6．设 s1="AB"，s2="ABCD"，s3="EFGHIJK"，试画出堆存储结构下的存储映像图。

7．试写出将字符串 s2 中的全部字符拷贝到字符串 s1 中的算法，不允许利用库函数 strcpy()。

# 5

# 递归

 本章学习导读

本章介绍了递归的定义、递归的结构、递归问题以及递归问题的递归求解方法。通过阶乘问题、背包问题、汉诺塔问题，理解递归解法，从而掌握如何实现递归问题的求解。

## 5.1 递归的定义

在讲解递归的定义之前，先看一个例子。

【例 5.1】植树节那天，有五位参加了植树活动，他们完成植树的棵数都不相同。问第一位同学植了多少棵时，他指着旁边的第二位同学说比他多植了两棵；追问第二位同学，他又说比第三位同学多植了两棵；……如此，都说比另一位同学多植两棵。最后问到第五位同学时，他说自己植了 10 棵。到底第一位同学植了多少棵树？

解：设第一位同学植树的棵数为 $a_1$，第二位同学植树的棵数为 $a_2$，第三位同学植树的棵数为 $a_3$，第四位同学植树的棵数为 $a_4$；第五位同学植树的棵数为 $a_5$。

求第一位同学的植树棵数 $a_1$，转化为 $a_1=a_2+2$，即求 $a_2$；而求 $a_2$ 又转化为 $a_2=a_3+2$；$a_3=a_4+2$；$a_4=a_5+2$；逐层转化为求 $a_2$，$a_3$，$a_4$，$a_5$ 且都采用与求 $a_1$ 相同的方法；最后的 $a_5$ 为已知，则用 $a_5=10$ 返回到上一层并代入计算出 $a_4$；又用 $a_4$ 的值代入上一层去求 $a_3$；……如此，直到求出 $a_1$。

由此，可以得出解答这个题目的公式：

$$a_x = \begin{cases} 10 & (x = 5) \\ a_{x+1} + 2 & (x < 5) \end{cases}$$

其中求 $a_{x+1}$ 又采用求 $a_x$ 的方法。

　　所以，定义一个处理问题的函数 Num(x)：如果 X < 5 就调用函数 Num(x+1)；调用到达一定条件（X=5），就直接执行 $a_5=10$，再执行后面语句，直到遇到返回到调用本函数的地方，将带回的计算结果（值）参与此处的后继语句进行运算；返回到开头的原问题，此时所得到的运算结果就是原问题 Num(1) 的答案。

　　从上面的过程描述来看，函数 Num(x) 在执行的过程中调用了自己，这种在执行过程中直接调用自己的方法就叫做递归。

　　公认的递归的标准定义是这样去解释的：若一个对象部分地包含它自己，或用它自己给自己定义，则称这个对象是递归的；若一个过程直接地或间接地调用自己，则称这个过程是递归的过程。

　　在函数中直接调用函数本身，称为直接递归调用。在函数中调用其他函数，其他函数又调用原函数，这就构成了函数自身的间接调用，称为间接递归调用。

　　采用递归方法来解决问题，必须符合以下三个条件：

　　（1）可以把要解决的问题转化为一个新问题，而这个新的问题的解决方法仍与原来的解决方法相同，只是所处理的对象有规律地递增或递减。

　　说明：解决问题的方法相同，每次调用函数的参数不同（有规律的递增或递减），如果没有规律也就不能适用递归调用。

　　（2）可以应用这个转化过程使问题得到解决。

　　说明：使用其他的办法比较麻烦或很难解决，而使用递归的方法可以很好地解决问题。

　　（3）必定要有一个明确的结束递归的条件。

　　说明：一定要能够在适当的地方结束递归调用，不然可能导致系统崩溃。

　　简单来说，为求解规模为 N 的问题，设法将它分解成规模较小的问题，然后从这些小问题的解方便地构造出大问题的解，并且这些规模较小的问题也能采用同样的分解和综合方法，分解成规模更小的问题，并从这些更小问题的解构造出规模较大问题的解。特别地，当规模 N=1 时，能直接得解。

　　每一个递归程序都遵循相同的基本步骤：

　　（1）初始化算法。递归程序通常需要一个开始时使用的种子值（Seed Value）。要完成此任务，可以向函数传递参数，或者提供一个入口函数，这个函数是非递归的，但可以为递归计算设置种子值。

　　（2）检查要处理的当前值是否已经与基线条件相匹配。如果匹配，则进行处理并返回值。

　　（3）使用更小的或更简单的子问题（或多个子问题）来重新定义答案。

　　（4）对子问题运行算法。

　　（5）将结果合并成答案的表达式。

　　（6）返回结果。

　　在现实生活中，递归的现象也是可以见到的。如果一台电视机的屏幕正显示着摄像机拍到的东西，那么把摄像机正对着这台电视机拍摄就会形成一个简单的递归。电视机显示着摄像机拍到的内容，而摄像机又对着电视机，这也就是说，摄像机将会拍摄到自己所拍到的东西。于是，递归形成了——在电视机上会显示出一层一层电视机的轮廓，即电视机里有电视机，层层循环下去永无止境。

在以下三种情况下，常常要用到递归的方法。

（1）定义是递归的。数学上常用的阶乘函数、幂函数、斐波那契数列等，它们的定义和计算都是递归的。

（2）数据结构是递归的。例如，链表就是一种递归的数据结构。

（3）问题的解法是递归的。有些问题只能用递归方法来解决，一个典型的例子就是汉诺塔（Tower of Hanoi）问题。

接下来就介绍一些典型的递归问题。

## 5.2　阶乘问题

一旦给一个递归过程加上一个限制条件，让它递归到某一步时就停下来不要继续循环的话，递归将会派上大用场。

举一个最简单的例子。偶数就是能被 2 整除的数。这个概念也可以用递归的方法定义：一个偶数加上 2 还是偶数。这句话似乎足以说明了全部的偶数，其实不然。因为如果没有任何限制，那么这个递归过程将是永无止境的，最终不会得到任何具体的答案。但是如果在这上面加上一个条件"0 是偶数"情况就变了。比如，要判断 6 是否为偶数，根据"一个偶数加上 2 还是偶数"，只需要判断 4 是不是偶数。如果 4 是偶数，那么 4+2 也是偶数。而判断 4 是否为偶数，又要依靠判断 2 是否为偶数，要判断 2 是否为偶数，又要依靠判断 0 是否为偶数。本来这个递归应该像这样无限地做下去的，但一旦有了一个限制条件—— 0 是偶数。于是，2 就是偶数了，4 和 6 都是偶数了。同样的，就可以判断一切数字的奇偶性了。这就是利用递归来进行数学上的定义。

在数学上利用递归去定义的问题还有很多，在这节中就介绍一个典型的用递归定义的问题——阶乘问题。

阶乘可以这样递归地定义：

（1）n 的阶乘等于 n-1 的阶乘乘以 n;

（2）1 的阶乘是 1。

其实，计算某个数的阶乘就是用那个数去乘包括 1 在内的所有比它小的数。例如，5 的阶乘等价于 5×4×3×2×1，而 3 的阶乘等价于 3×2×1。然后使用递归的定义的时候，某个数的阶乘等于起始数乘以比它数值小一的数的阶乘。这样，所有自然数的阶乘就可以通过上面的递归的定义表示了。2 的阶乘就是 1×2；3 的阶乘就是 2 的阶乘乘 3，即 1×2×3……不仅如此，我们还可以知道 0 的阶乘是多少——1 的阶乘应该等于 0 的阶乘乘以 1，显然 0 的阶乘必须是 1 才行。类似的，我们还能知道，负整数的阶乘没有意义。

【例 5.2】将阶乘的求解写成公式的形式：

$$n!=\begin{cases}1 & \text{当 } n=0 \text{ 时} \\ n(n-1)! & \text{当 } n>0 \text{ 时}\end{cases}$$

当 n>1 时，求 n!的问题可以转化为 n*(n-1)!的新问题。比如 n=4：

第一部分：4×3×2×1　　　n(n-1)!;

第二部分：3×2×1　　　　(n-1)(n-2)!;

第三部分：2×1　　　　　(n-2)(n-3)!;

第四部分：1　　　　　　(n-4)!　4-4=0，得到值 1，结束递归。

阶乘的递归表示方法函数如下：

```
int fac(int x)
{
    int f=x;
    if(x<0)
        puts("ERROR!");
    else
    {
        printf("now the number is %d ",x);
        getchar();
        if(x==0||x==1)
            f=1;   //当 x=0 或 x=1 时，需返回 f 的值，考虑满足条件时 f 值是多少
        else
            f=x*fac(x-1);   //返回函数 return 必须写在最后，每次调用完函数后都要有一个返回值
        printf("now the number is %d and the %d! is %d",n,n,c);
        getchar();
    }
    return f;
}
```

具体程序如下：

```
#include"stdio.h"
float fac(int x);
void main()
{
    int n;
    puts("Input the number:");
    scanf("%d",&n);
    printf("%d!=%1.f\n",n,fac(n));
        getchar();

}
```

```
float fac(int x)
{
    int f=x;
    if(x<0)
        puts("ERROR!");
    else
    {
      printf("now the number is %d ",x);
      getchar();
        if(x==0||x==1)
            f=1;
        else
            f=x*fac(x-1);
      printf("now the number is %d and the %d! is %d",x,x,f);
      getchar();
    }
    return f;
}
```

可以看到，加上 printf()和 getchar()语句后，可以查看各级调用及中间答案，很清楚地看到程序的执行过程。运行结果如图 5-1 所示，输入的 n=3 不等于 0 和 1。当主函数第一次调用 fac()函数的时候，由于 n 不等于 0 和 1，并不立即返回结果 1，而是执行 f=n*fac(n-1)，用实参 n-1（值为 2）调用 fac()函数自己，即递归调用 fac(2)。于是进入第二层调用 fac()，这时也没有得出结果，继续用实参 n-1（值为 1）调用 fac()函数自己。这时候 n=1，算出 1!=1，满足结束递归的条件，然后把得出的结果 1 返回给上次次调用的 fac()函数，得出 2*1!=2，然后把结果 2 返回给第二次调用的 fac()函数，得出 3*2!=6，结束整个递归调用，得出最终结果并输出。

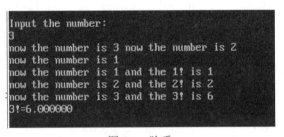

图 5-1　阶乘

在这个程序中我们写了两个 if…else…语句，其中内层的语句把递归结束条件与其他表示继续递归的情况区别开来。if 语句块判断递归结束的条件，而 else 语句块处理递归的情况(当然也可以反过来使用)。

在计算 n!时，if 语句块判断唯一的递归结束条件 x==0 或者 x==1，并返回值 1；else 语句块通过计算表达式 x*(x-1)！并返回计算结果以完成递归。

做事情一般都是从头开始的，而递归却是从末尾开始的。比如上面的函数，当 x>1 的时候，就只能求助于 x-1，而(x-1)>1 时，就求助于 x-2，……直到(x-k)=1 时，函数 fac()终于有返回值 1，然后再从头开始计算，一直算到 x 为止。所以说，递归就是一个数学模型，它的工作过程就是自己调用自己。以下是几点对递归的说明：

（1）当函数自己调用自己时，系统将自动把函数中当前的变量和形参暂时保留起来，在新一轮的调用过程中，系统为新调用的函数所用到的变量和形参开辟另外的存储单元（内存空间）。每次调用函数所使用的变量在不同的内存空间。

（2）递归调用的层次越多，同名变量占用的存储单元也就越多。记住，每次进行函数的调用，系统都会为该函数的变量开辟新的内存空间。

（3）当本次调用的函数运行结束时，系统将释放本次调用时所占用的内存空间。程序的流程返回到上一层的调用点，同时取得当初进入该层时，函数中的变量和形参所占用的内存空间的数据。

（4）在开发过程中使用 printf()和 getchar()可以看到执行过程，并且可以在发现错误后停止运行。

通过阶乘问题的求解，我们可以得到下面的结论：

（1）对于一个较为复杂的问题，如果能够分解成几个相对简单的且解法相同或类似的子问题时，只要解决了这些子问题，那么原问题就迎刃而解了，这就是递归求解。

（2）当分解后的子问题可以直接解决时，就停止分解。我们把这些可以直接求解的问题叫做递归结束条件。

（3）递归定义的函数可以简单地用递归过程来编程求解。递归过程直接反映了定义的结构。

## 5.3　背包问题

给定 n 种物品和一个背包。物品 i 的重量是 $w_i$，其价值为 $p_i$，背包的容量为 $C_i$。问应如何选择装入背包的物品，使得装入背包中物品的总价值最大？

在选择装入背包的物品时，对每种物品 i 只有两种选择，即装入背包或不装入背包。不能将物品装入背包多次，也不能只装入部分的物品。对于可行的背包装载，背包中物品的总重量不能超过背包的容量，最佳装载是指所装入的物品价值最高。背包问题是一个特殊的整数规划问题。

该问题的模型可以表示为下述整数规划模型：

目标函数：$\max f(x_1, x_2 \cdots, x_n) = \sum_{i=1}^{n} c_i x_i$

$$s.t \begin{cases} \sum_{i=1}^{n} w_i x_i \leqslant p_i \\ x_i \in \{0,1\} \quad (i = 1, 2, \cdots n) \end{cases}$$

其中 $x_i$ 为决策变量，$x_i=1$ 时表示将物品装入背包中，$x_i=0$ 时则表示不将其装入背包中。背包问题也可以用递归方式去解答。

【例 5.3】递归方式解决背包问题。

在背包问题解决步骤中，首先要找到递归的方式，然后建立好关键数据结构和相关函数。

1. 递归的方式

当 tw+a[i].weight <= limitW 且 i<n-1 时，进行递归。

当 tv-a[i].value>maxv 且 i<n-1 时，进行递归。

2. 关键数据结构

一个二维数组，两个一维数组，两个整型变量。

```
#define N 100              //最大物品总种数
int n;                     //物品总种数
float limitW;              //限制的总重量
float totV;                //全部物品的总价值
float maxv;                //最后得到的总价值
int option[N];             //解的选择
int cop[N];                //当前解的选择
struct {                   //物品结构
float weight;
float value;
}a[N];
```

3. 函数模块

```
void find(int i,float tw,float tv)   //递归查找背包里面的物品
void init(void)                      //输入所有信息
void output(void)                    //输出结果
```

4. 递归实现（备忘录方法）

```
void find(int i,float tw,float tv)
{
    int k;

    if(tw+a[i].weight <= limitW)
    {   //物品 i 包含在当前方案的可能性
            cop[i]=1;
            if(i<n-1)
            find(i+1,tw+a[i].weight,tv);
            else
            {
                for(k=0;k<n;++k)
                option[k]=cop[k];
```

```
            maxv=tv;
            }
    }
    cop[i]=0;

    if(tv-a[i].value>maxv)
    {   //物品 i 不包含在当前方案的可能性
        if(i<n-1)
        find(i+1,tw,tv-a[i].value);
        else{
            for(k=0;k<n;++k)
            option[k]=cop[k];
            maxv=tv-a[i].value;
        }
    }
}
```

## 5. 源程序

```c
#include <stdio.h>
#define N 150
int n;
float limitW;
float totV;
float maxv;
int option[N];
int cop[N];
struct {
float weight;
float value;
}a[N];

void find(int i,float tw,float tv)
{
    int k;
    if(tw+a[i].weight <= limitW)
    {
            cop[i]=1;
            if(i<n-1)
            find(i+1,tw+a[i].weight,tv);
            else
            {
                    for(k=0;k<n;++k)
                    option[k]=cop[k];
                    maxv=tv;
```

```
        }
    }
    cop[i]=0;
    if(tv-a[i].value>maxv)
    {
        if(i<n-1)
        find(i+1,tw,tv-a[i].value);
        else{
            for(k=0;k<n;++k)
            option[k]=cop[k];
            maxv=tv-a[i].value;
        }
    }
}
void init(void)
{
    int i;
    float w,v;
    printf("please input the number of objects:");
    scanf("%d",&n);
    while(n>=N||n<0)
    {
        printf("The number is wrong,try again:");
        scanf("%d",&n);
    }
    printf("Please input the limited weight:");
    scanf("%f",&limitW);
    while(limitW>=N||limitW<0)
    {
        printf("The lmitied weight is wrong ,try again:");
        scanf("%f",&limitW);
    }
    printf("Please input the weight:\n");
    for(i=0;i<n;++i){
        scanf("%f",&w);
        a[i].weight = w;
        }
    printf("Please input th value:\n");
    for(totV=0.0,i=0;i<n;++i){
        scanf("%f",&v);
        a[i].value = v;
        totV+= v;
        }

}
```

```
void output(void)
{
    int i,j;
    int k;
    printf("The nmuber of objects in knapscak are:\n");
    for(k=0;k<n;++k)
        {
    if(option[k]==1)
        {
            printf("%d ",k+1);
        }
        }
     printf("\nThemost value of knapscak is: %f",maxv);
    printf("\n");
}
int main()
{
    int k;
    init();
    maxv=0.0;
    for(k=0;k<n;++k)
    {
        cop[k]=0;
    }
    find(0,0.0,totV);
    output();
    system("pause");
    return 0;
}
```

执行结果如图 5-2 所示。

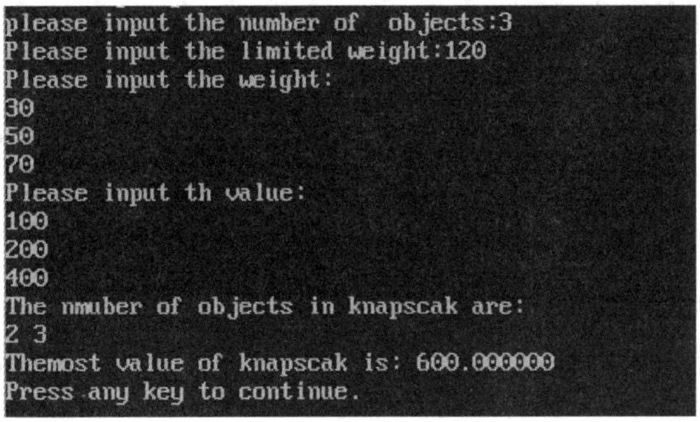

图 5-2　背包问题

背包问题是一个典型的组合优化问题，设 w[i]是经营活动 i 所需要的资源消耗，M 是所能提供的资源总量，p[i]是人们经营活动 i 得到的利润或收益，则背包问题就是在资源有限的条件下，追求总的最大收益的资源有效分配问题。

使用递归回溯法解决背包问题的优点在于它算法思想简单，而且能完全遍历搜索空间，找到问题的最优解；但是由于此问题解的总组合数有 $2^n$ 个，因此随着物件数 n 的增大，其解的空间将以 $2^n$ 级增长，当 n 大到一定程度上，用此算法解决背包问题将是不现实的。所以使用递归解决背包问题的时候都会在程序开始限定物件的最大数量。

## 5.4　汉诺塔问题

相传印度教的天神梵天在创造地球时，建了一座神庙，神庙里竖有三根宝石柱子，柱子由一个铜座支撑。梵天将 64 个直径大小不一的金盘子，按照从大到小的顺序依次套放在第一根柱子上，形成一座金塔，即所谓的梵天塔（又称汉诺塔）。天神让庙里的僧侣们将第一根柱子上的 64 个盘子借助第二根柱子全部移到第三根柱子上，既迁移整个塔，同时定下 3 条规则：

（1）每次只能移动一个盘子；

（2）盘子只能在三根柱子上来回移动，不能放在他处；

（3）在移动过程中，三根柱子上的盘子必须始终保持大盘在下，小盘在上。

天神说："当这 64 个盘子全部移到第三根柱子上后，世界末日就要到了"。这就是著名的梵天塔问题。

在上一节中讲到的背包问题除了可以用递归法去求解外，还可以使用动态规划和贪心方法、遗传算法等其他方法。对于一个问题的解决往往有多种方式去求解，而一般会去选择比较典型的算法。有些问题的最优方法就是使用递归方法来解决，一个典型的例子就是汉诺塔（Tower of Hanoi）问题。汉诺塔问题属于问题的解法是递归的形式。下面来具体研究一下。

1. 问题描述

假设有三个分别命名为 A，B 和 C 的塔座，在塔座 B 上插有 n 个直径大小各不相同、从小到大编号为 1，2，…，n 的圆盘。现要求将塔座 B 上的 n 个圆盘移至塔座 A 上并仍按同样顺序叠排，圆盘移动时必须遵守以下规则：

（1）每次只能移动一个圆盘；

（2）圆盘可以插在 A，B 和 C 中任一塔上；

（3）任何时刻都不能将一个较大的圆盘压在较小的圆盘之上。

2. 算法设计

汉诺塔问题的重点是分析移动的规则，找到规律和边界条件。

若需要将 n 个盘子从 A 移动到 C 就需要：

（1）将 n-1 个盘子从 A 移动到 B；

（2）再将第 n 个从 A 移动到 C；

（3）再将 n-1 个盘子再从 B 移动到 C，这样就可以完成了。如果 n!=1，则需要递归调用函数，将 A 上的其他盘子按照以上的三步继续移动，直到达到边界条件 n=1 为止。

利用递归解法，将移动 n 个盘子的汉诺塔问题归结为移动(n-1)个盘子的汉诺塔问题。与此类似，移动(n-1)个盘子的汉诺塔问题又可归结为移动(n-2)个盘子的汉诺塔问题，……，最后归结到只移动一个盘子的汉诺塔问题，这样问题就解决了。

3．程序设计

【例 5.4】递归方式解决汉诺塔问题。

汉诺塔问题是典型的递归问题，这里强调的是通过演示盘子移动的过程，更好地理解递归算法。程序设计的盘子规模 n 可以选择从 1 到 15，并且可以选择人工控制演示和系统自动运行演示，自动演示时要输入演示速度（毫秒），尽可能慢一点,以便能看清楚其移动过程。

界面用 bar 函数画出大小不等的矩形块来代表盘子，如图 5-3 所示是盘子的原始图。

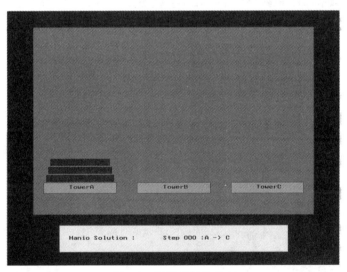

图 5-3　汉诺塔初始状态

当程序运行完毕，盘子全部从 A 座移动到 C 座上，如图 5-4 所示。

为了更好地理解递归过程，在界面的下方显示了正在移动的盘子的步骤和过程。人工操作时，按任意键移动一个盘子，可以看清楚每一步过程。如果是自动运行，设定了选择移动一步暂停的时间。如图 5-5 所示为盘子正在移动的过程。

（1）关键数据结构。

```
#define ESC 283          /*退出键代码*/
int Step=0;              /*定义 Step 变量用于保存汉诺塔移动的步骤*/
int computer=1;          /*自动控制与手动控制的标志*/
int speed=0;             /*全局变量 speed 主要是演示过程的速度*/
int flag[3]={0,0,0};     /*flag 数组的三个数分别用于表示三个塔座当前圆盘的个数*/
```

Chapter
5

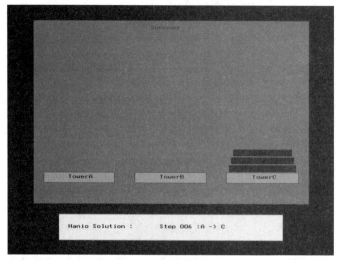

图 5-4　汉诺塔最终状态

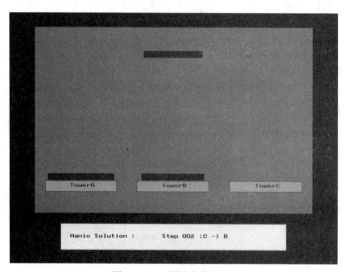

图 5-5　汉诺塔中间状态

（2）函数模块。

| | |
|---|---|
| void Delay(int x) | /*延时函数用于显示延时*/ |
| void InitGraph() | /*初始化图形模式*/ |
| void ShowTxt() | /*显示提示文本框*/ |
| void ShowWord(int x,int y) | /*更新提示信息*/ |
| void ShowBasic() | /*显示基座*/ |
| void ShowHanoi(int num) | /*显示圆盘*/ |
| int MoveTower(int x,int y) | /*汉诺塔动画显示程序*/ |
| int HanoiRecursion(int n,int a,int b,int c) | /*递归求解汉诺塔步骤*/ |

```
int IsExit()                        /*检测 Esc 键*/
void main()                         /*主函数*/
```

（3）递归实现。

```
int HanoiRecursion(int n,int a,int b,int c)
{
    if(n==1)
    {
        ShowWord(a,c);
        MoveTower(a,c);
    return 1;
    }
    else
    {
        HanoiRecursion(n-1,a,c,b);
        ShowWord(a,c);
        MoveTower(a,c);
        HanoiRecursion(n-1,b,a,c);
    }
}
```

具体源代码如下（关键代码及函数有相应注释）：

```
#include <stdio.h>
#include <graphics.h>
#include <conio.h>
#include <malloc.h>
#include <bios.h>

#define ESC 283

int Step=0;              /*定义 Step 变量用于保存汉诺塔移动的步骤*/
int computer=1;          /*自动控制与手动控制的标志*/
int speed=0;             /*全局变量 speed 主要是演示过程的速度*/

int flag[3]={0,0,0};     /*flag 数组的三个数分别用于表示三个塔座当前圆盘的个数*/

/*延时函数用于显示延时*/
void Delay(int x)
{
    int i=0;
    for(i=0;i<x;i++)
        delay(10);
}

/*初始化图形模式*/
void InitGraph()
{
```

```
    int gdriver=DETECT,gmode;
    initgraph(&gdriver, &gmode, "C:\\TC");
    /*指定图形驱动程序路径为 C:\\TC*/
    setbkcolor(BLACK);
    cleardevice();
    setcolor(BLUE);
}

/*显示提示文本框*/
void ShowTxt()
{
    char s[30];
    setviewport(100, 400,540, 450, 1);          /*定义一个图形窗口*/
    setcolor(RED);
    setfillstyle(SOLID_FILL,YELLOW);            /*黄色以实填充*/
    bar(0,0,440,50);                            /*画黄色一个矩形显示框*/
    rectangle(0,0,440,50);                      /*画一个黄色边框矩形*/
    setcolor(BLACK);
    settextstyle(GOTHIC_FONT,HORIZ_DIR,8);
    outtextxy(20,20,"Hanio Solution :");
}

/*更新提示信息*/
void ShowWord(int x,int y)
{
    char s[30],a,b;

    setviewport(100, 400,540, 450, 1);


    switch(x)                   /*将参数转换成'A' 'B' 'C'字符*/
    {
        case 0:a='A';break;
        case 1:a='B';break;
        case 2:a='C';break;
    }
    switch(y)
    {
        case 0:b='A';break;
        case 1:b='B';break;
        case 2:b='C';break;
    }

    clearviewport();            /*显示步骤*/
    ShowTxt();
    sprintf(s,"Step %03d :%c -> %c",Step++,a,b);                /*将数字转化为字符串*/
```

```
        setcolor(BLACK);
        outtextxy(200,20,s);
}

/*显示基座*/
void ShowBasic()
{
        setviewport(50,30,590,380,0);
        setfillstyle(SOLID_FILL,GREEN);        /*显示为绿色窗口*/
        setcolor(RED);                          /*显示红三色边框*/
        bar(0,0,540,350);
        rectangle(0,0,540,350);
        setfillstyle(SOLID_FILL,LIGHTMAGENTA);

        bar(20,290,160,310);                    /*显示三个基座*/
        rectangle(20,290,160,310);
        bar(200,290,340,310);
        rectangle(200,290,340,310);
        bar(380,290,520,310);
        rectangle(380,290,520,310);

        setcolor(BLACK);
        settextstyle(GOTHIC_FONT,HORIZ_DIR,8);
        outtextxy(70,295,"TowerA");             /*在塔基上显示字符*/
        outtextxy(250,295,"TowerB");
        outtextxy(430,295,"TowerC");
}

/*显示圆盘*/
void ShowHanoi(int num)
{
        int i=0;
        char count[20]={0};
        setviewport(50,30,590,380,0);
        outtextxy(83,278-15*i,count);
        setfillstyle(SOLID_FILL,BLUE);
        for(i=0;i<num;i++)                       /*循环显示圆盘*/
        {
            Delay(100);
            setfillstyle(SOLID_FILL,BLUE);
            bar(25+4*i,276-15*i,155-4*i,275-15*i+13);    /*显示三个基座*/
            rectangle(25+4*i,276-15*i,155-4*i,275-15*i+13);
            sprintf(count,"%02d",num-i);
            outtextxy(83,278-15*i,count);
        }
```

```
    }

/*汉诺塔动画显示程序*/
int MoveTower(int x,int y)
{
    int size,i=0,er=0;
    void *buf;
    if(computer)        /*自动控制就用 delay*/
        Delay(speed);   /*延时函数*/
    else
        getch();            /*手动控制的话就自己按键盘来控制*/
    setviewport(50,30,590,380,0);           /*设置显示窗口*/

    if(flag[x]==0)                          /*判断塔座 A 是否有圆盘*/
        return 0;

    size=imagesize(20+180*x,290-15*flag[x],160+180*x,304-15*flag[x]);
    buf=malloc(size);
    if(!buf)
        return -1;
/*将 x 塔上当前第一个圆盘复制到内存中*/
    getimage(20+180*x,290-15*flag[x],160+180*x,304-15*flag[x],buf);

    for(i=0;i<250-15*flag[x];i++ )          /*上移圆盘*/
    {
        putimage(20+180*x,290-15*flag[x]-i,buf,COPY_PUT);
        if(IsExit())
            exit(0);
    }
    flag[x]--;

    er=x-y;     /*计算水平误差*/
/*水平移动圆盘*/
    if(er<0)    /*左移*/
    {
        for(i=0;i<=(-1)*180*er;i++)
        {
            putimage(20+180*x+i,290-250,buf,COPY_PUT);
            if(IsExit())
                exit(0);
        }
    }
    else if(er>0) /*右移*/
    {
        for(i=0;i<=180*er;i++)
        {
```

```
                putimage(20+180*x-i,290-250,buf,COPY_PUT);
            }
        }
        /*下移圆盘*/
        for(i=0;i<=250-15*flag[y]-15;i++ )
        {
            putimage(20+180*y,40+i,buf,COPY_PUT);
            if(IsExit())
                exit(0);
        }
        flag[y]++;
        free(buf);          /*释放内存*/
}
/*递归求解汉诺塔步骤*/
int HanoiRecursion(int n,int a,int b,int c)
{
    if(n==1)
    {
        ShowWord(a,c);
        MoveTower(a,c);
    return 1;
    }
    else
    {
        HanoiRecursion(n-1,a,c,b);
        ShowWord(a,c);
        MoveTower(a,c);
        HanoiRecursion(n-1,b,a,c);
    }

}
/*检测 Esc 键*/
int IsExit()
{
    if(bioskey(1))
        if(bioskey(0)==ESC)
            return 1;
    else return 0;
}
void main()                     /*主函数*/
{
    int num=0;
    int i;
    char s[30];
    /*判断输入数目是否符合要求*/
    do
```

```
    {
        printf("Enter the number of Disk(n<15) :");
        scanf("%d",&num);
        if(num>15 || num<=0)
        {
            printf("Enter Error!");
            getch();
            clrscr();
        }
    }while(num>15 || num<1);
printf("Please input 1 or 2:\n1.computer 2.people\n");
scanf("%d",&i);
if(i==2)                /*选择手动控制标志为 0*/
    computer=0;

if(computer)            /*如果是自动控制的话输入速度*/
{
    printf("please input speed: ");    /*输入速度*/
    scanf("%d",&speed);
}


    InitGraph();        /*初始化图形设备*/
    ShowBasic();        /*显示基座*/
    ShowTxt();          /*显示提示窗口*/

    ShowHanoi(num);
    flag[0]=num;        /*初始化 A 塔圆盘数目*/


    if(HanoiRecursion(num,0,1,2)){
        setcolor(RED);
        outtextxy(232,10,"Succeed");}

    getch();
    closegraph();
    system("pause");
}
```

递归函数的主要优点是可以把算法写的比使用非递归函数时更清晰更简洁，而且某些问题，特别是与人工智能有关的问题，更适宜用递归方法。编写递归函数时，必须在函数的某些地方使用 if 语句，强迫函数在未执行递归调用前返回。如果不这样做，在调用函数后，它永远不会返回，造成无穷递归。在递归函数中不使用 if 语句，是一个很常见的错误。像汉诺塔问题就只能靠递归才能解决，但是现实中很多问题都比较简单的，没有汉诺塔那么复杂。

## 5.5　实训项目五　迷宫问题

1.　实训说明

迷宫问题最早出现在古希腊神话中。据说，半人半兽的英雄西修斯在克里特的迷宫中勇敢地杀死半人半牛的怪物，并循着绳索逃出迷宫。希腊史学家希罗多德曾探访过那里。他描述说，整个迷宫由 12 座带顶院落构成，所有的院落都由通道连接，形成 3000 个独立的"室"。后来的参观者也说，一旦进入迷宫，如果没有向导，根本无望走出。历史上，人们认为迷宫具有魔力。后来，迷宫成为游戏。在如今计算机非常普及的情况下，迷宫又以游戏程序的形式呈现在我们日常使用的电脑上。

求迷宫中从入口到出口的所有路径是一个经典的程序设计问题。由于计算机解迷宫时，通常用的是"穷举求解"的方法，即从入口出发，顺某一方向向前探索，若能走通，则继续往前走；否则沿原路退回，换一个方向再继续探索，直至所有可能的通路都探索到为止。为了保证在任何位置上都能沿原路退回,显然需要用一个后进先出的结构来保存从入口到当前位置的路径，这就用到了栈。

2.　程序分析

（1）以一个方阵表示迷宫，0 和*分别表示迷宫中的通路和障碍。设计一个程序，求出一条从指定入口到指定出口的通路，或得出通路不存在的结论。使用穷举法和栈来求解。

```
Status InitStack(SqStack &S){              //构造一个空栈 S
    S.base = (SElemType * ) malloc(STACK_INIT_SIZE * sizeof(SElemType));
    if(!S.base) exit(OVERFLOW);            //存储分配失败
    S.top=S.base;
    S.stacksize=STACK_INIT_SIZE;
    return OK;
}
Status GetTop(SqStack s, SElemType &e )
{   //若栈不空，则用 e 返回 S 的栈顶元素，并返回 OK；否则返回 ERROR
    if( s.top == s.base) return ERROR;
    e = *(s.top-1);
    return OK;
}

Status Push(SqStack &S, SElemType e){      //插入元素 e 为新的栈顶元素
    if(S.top-S.base >= S.stacksize){       //栈满，追加存储空间
        S.base =
(SElemType *)realloc(S.base,(S.stacksize+STACKINCREMENT)*sizeof(SElemType));
        if(!S.base) exit(OVERFLOW);        //存储分配失败
        S.top = S.base + S.stacksize;
        S.stacksize += STACKINCREMENT;
    }
```

```
        *S.top++ = e;
        return OK;
    }
    Status Pop(SqStack &s, SElemType &e){        //若栈不空，则删除 S 的栈顶元素，用 e 返回其值，
        if(s.top==s.base)return ERROR;           //并返回 OK；否则返回 ERROR
        e = * --s.top;
        return OK;
    }
    int StackEmpty(SqStack S){
        return S.base == S.top;
    }
    Status ClearStack(SqStack &s)
    {
        s.top = s.base;
        return OK;
    }
```

（2）数据结构说明。

迷宫问题算法基本思想：从入口出发，顺着某一个方向进行探索，若当前位置"可通"，则纳入"当前路径"，并朝"下一位置"探索，即切换"下一位置"为"当前位置"，如此重复直至到达出口；若当前位置"不可通"，则应顺着"来向"退回到"前一通道块"，然后换一个方向继续探索，直至出口位置，求得一条通路；若改通道块的四周 4 个方块均"不可通"，则应从"当前路径"上删除该通道块；若通路都探索到而未能达到出口，则所设定的迷宫没有通路。

```
    Status Pass(MazeType maze,PosType curpos){          //判断当前位置能否通过
        return maze.arr[curpos.row][curpos.col] == 0;
    }
    Status FootPrint(MazeType &maze,PosType curpos){    //留下足迹
        maze.arr[curpos.row][curpos.col]='-';
        return OK;
    }
    Status MarkPrint(MazeType &maze,PosType curpos){    //留下不能通过的标记
        maze.arr[curpos.row][curpos.col]='I';
        return OK;
    }
    SElemType CreateSElem(int step, PosType pos, int di){
        SElemType e;
        e.step = step; e.seat = pos; e.di = di;
        return e;
    }
    PosType NextPos(PosType curpos, DirectiveType di){   //返回当前位置的下个位置
        PosType pos = curpos;
        switch(di){
```

```
        case 1:             //向右移一格
            pos.col++;
            break;
        case 2:             //向下移一格
            pos.row++;
            break;
        case 3:             //向左移一格
            pos.col--;
            break;
        case 4:             //向上移一格
            pos.row--;
            break;
        }
        return pos;
}
Status PosEquare(PosType pos1, PosType pos2){    //判断是否达到了预想的位置
        return pos1.row==pos2.row && pos1.col==pos2.col ;
}
```

（3）具体源程序及详细注释。

```
#include <graphics.h>
#include <stdlib.h>
#include <stdio.h>
#include <conio.h>
#include <dos.h>
#define N 20                            /*迷宫的大小，可改变*/
int oldmap[N][N];                       /*递归用的数组,用全局变量节约时间*/
int yes=0;                              /*yes 是判断是否找到路的标志,1 为找到，0 为没找到*/
int way[100][2],wayn=0;                 /*way 数组是显示路线用的,wayn 是统计走了几个格子*/
void Init(void);                        /*图形初始化*/
void DrawPeople(int *x,int *y,int n);   /*画人工探索物图*/
void PeopleFind(int (*x)[N]);           /*人工探索*/
void Close(void);                       /*图形关闭*/
void WayCopy(int (*x)[N],int (*y)[N]);  /*为了 8 个方向的递归，把旧迷宫图拷贝给新数组*/
int FindWay(int (*x)[N],int i,int j);   /*自动探索函数*/
void MapRand(int (*x)[N]);              /*随机生成迷宫函数*/
void PrMap(int (*x)[N]);                /*输出迷宫图函数*/
void Result(void);                      /*输出结果处理*/
void Find(void);                        /*成功处理*/
void NotFind(void);                     /*失败处理*/
void main(void)                         /*主函数*/
{
int map[N][N];                          /*迷宫数组*/
char ch;
clrscr();
printf("\n Please select hand(1) else auto\n");  /*选择探索方式*/
```

```
        scanf("%c",&ch);
        Init();                                  /*初始化*/
        MapRand(map);                            /*生成迷宫*/
        PrMap(map);                              /*显示迷宫图*/
        if(ch=='1')
        PeopleFind(map);                         /*人工探索*/
        else
        FindWay(map,1,1);                        /*系统自动从下标 1,1 的地方开始探索*/
        Result();                                /*输出结果*/
        Close();
        }
        void Init(void)                          /*图形初始化*/
        {
        int gd=DETECT,gm;
        initgraph(&gd,&gm,"c:\\tc");
        }
        void DrawPeople(int *x,int *y,int n)      /*画人工控制图*/
        {  /*如果将以下两句注释掉，则显示人工走过的路径*/
        setfillstyle(SOLID_FILL,WHITE);          /*设置白色实体填充样式*/
        bar(100+(*y)*15-6,50+(*x)*15-6,100+(*y)*15+6,50+(*x)*15+6);
        /*恢复原通路*/
        switch(n)   /*判断 x,y 的变化，8 个方向的变化*/
        {
                case 1: (*x)--;break;            /*上*/
                case 2: (*x)--;(*y)++;break ;    /*右上*/
                case 3: (*y)++;break;            /*右*/
                case 4: (*x)++;(*y)++;break;     /*右下*/
                case 5: (*x)++;break;            /*下*/
                case 6: (*x)++;(*y)--;break;     /*左下*/
                case 7: (*y)--;break;            /*左*/
                case 8: (*x)--;(*y)--;break;     /*左上*/
        }
        setfillstyle(SOLID_FILL,RED);            /*新位置显示探索物*/
        bar(100+(*y)*15-6,50+(*x)*15-6,100+(*y)*15+6,50+(*x)*15+6);
        }
        void PeopleFind(int (*map)[N])            /*人工手动查找*/
        {
                int x,y;
                char c=0;                        /*接收按键的变量*/
                x=y=1;                           /*人工查找的初始位置*/
                setcolor(11);
                line(500,200,550,200);
                outtextxy(570,197,"d");
                line(500,200,450,200);
                outtextxy(430,197,"a");
                line(500,200,500,150);
```

```
        outtextxy(497,130,"w");
        line(500,200,500,250);
        outtextxy(497,270,"x");
        line(500,200,450,150);
        outtextxy(445,130,"q");
        line(500,200,550,150);
        outtextxy(550,130,"e");
        line(500,200,450,250);
        outtextxy(445,270,"z");
        line(500,200,550,250);
        outtextxy(550,270,"c");                   /*以上是画 8 个方向的控制介绍*/
        setcolor(YELLOW);
        outtextxy(420,290,"Press 'Enter' to end");        /*按回车键结束*/
        setfillstyle(SOLID_FILL,RED);
        bar(100+y*15-6,50+x*15-6,100+y*15+6,50+x*15+6);   /*入口位置显示*/
        while(c!=13)                          /*如果按下的不是回车键*/
        {
            c=getch();                       /*接收字符后开始各个方向的探索*/
            if(c=='w'&&map[x-1][y]!=1)
                DrawPeople(&x,&y,1);          /*上*/
            else
                if(c=='e'&&map[x-1][y+1]!=1)
                    DrawPeople(&x,&y,2);      /*右上*/
            else
                if(c=='d'&&map[x][y+1]!=1)
                    DrawPeople(&x,&y,3);      /*右*/
            else
                if(c=='c'&&map[x+1][y+1]!=1)
                    DrawPeople(&x,&y,4);      /*右下*/
            else
                if(c=='x'&&map[x+1][y]!=1)
                    DrawPeople(&x,&y,5);      /*下*/
            else
                if(c=='z'&&map[x+1][y-1]!=1)
                    DrawPeople(&x,&y,6);      /*左下*/
            else
                if(c=='a'&&map[x][y-1]!=1)
                    DrawPeople(&x,&y,7);      /*左*/
            else if(c=='q'&&map[x-1][y-1]!=1)
                    DrawPeople(&x,&y,8);      /*左上*/
        }
        setfillstyle(SOLID_FILL,WHITE);       /*消去红色探索物,恢复原迷宫图*/
        bar(100+y*15-6,50+x*15-6,100+y*15+6,50+x*15+6);
        if(x==N-2&&y==N-2)                    /*人工控制探索成功的话*/
            yes=1;                            /*如果成功,标志为 1*/

    }
```

```
        void WayCopy(int (*oldmap)[N],int (*map)[N])        /*拷贝迷宫数组*/
        {
            int i,j;
            for(i=0;i<N;i++)
            for(j=0;j<N;j++)
            oldmap[i][j]=map[i][j];
        }
        int FindWay(int (*map)[N],int i,int j)                /*递归找路*/
        {
            if(i==N-2&&j==N-2)                                /*走到出口*/
            {
                yes=1;                                        /*标志为1，表示成功*/
                return;
            }
            map[i][j]=1;                                       /*走过的地方变为1*/
            WayCopy(oldmap,map);                               /*拷贝迷宫图*/
            if(oldmap[i+1][j+1]==0&&!yes)                      /*判断右下方是否可走*/
            {
                FindWay(oldmap,i+1,j+1);
                if(yes)    /*如果到达出口了，再把值赋给显示路线的 way 数组，也正是这个原因，
                            所以具体路线是从最后开始保存*/
                {
                    way[wayn][0]=i;
                    way[wayn++][1]=j;
                    return;
                }
            }
            WayCopy(oldmap,map);
            if(oldmap[i+1][j]==0&&!yes)    /*判断下方是否可以走，如果标志 yes 已经是 1 就不用找下去*/
            {
                FindWay(oldmap,i+1,j);
                if(yes)
                {
                    way[wayn][0]=i;
                    way[wayn++][1]=j;
                    return;
                }
            }
            WayCopy(oldmap,map);
            if(oldmap[i][j+1]==0&&!yes)    /*判断右方是否可以走*/
            {
                FindWay(oldmap,i,j+1);
                if(yes)
                {
                    way[wayn][0]=i;
                    way[wayn++][1]=j;
```

```
                return;
        }
    }
    WayCopy(oldmap,map);
    if(oldmap[i-1][j]==0&&!yes)        /*判断上方是否可以走*/
    {
        FindWay(oldmap,i-1,j);
        if(yes)
        {
            way[wayn][0]=i;
            way[wayn++][1]=j;
            return;
        }
    }
    WayCopy(oldmap,map);
    if(oldmap[i-1][j+1]==0&&!yes)      /*判断右上方是否可以走*/
    {
        FindWay(oldmap,i-1,j+1);
        if(yes)
        {
            way[wayn][0]=i;
            way[wayn++][1]=j;
            return;
        }
    }
    WayCopy(oldmap,map);
    if(oldmap[i+1][j-1]==0&&!yes)      /*判断左下方是否可以走*/
    {
        FindWay(oldmap,i+1,j-1);
        if(yes)
        {
            way[wayn][0]=i;
            way[wayn++][1]=j;
            return;
        }
    }
    WayCopy(oldmap,map);
    if(oldmap[i][j-1]==0&&!yes)        /*判断左方是否可以走*/
    {
        FindWay(oldmap,i,j-1);
        if(yes)
        {
            way[wayn][0]=i;
            way[wayn++][1]=j;
            return;
```

```
            }
        }
        WayCopy(oldmap,map);
        if(oldmap[i-1][j-1]==0&&!yes)        /*判断左上方是否可以走*/
        {
            FindWay(oldmap,i-1,j-1);
            if(yes)
            {
                way[wayn][0]=i;
                way[wayn++][1]=j;
                return;
            }
        }
        return;
}
void MapRand(int (*map)[N])                  /*开始的随机迷宫图*/
{
int i,j;
cleardevice();                               /*清屏*/
randomize();                                 /*随机数发生器*/
for(i=0;i<N;i++)
{
for(j=0;j<N;j++)
{
if(i==0||i==N-1||j==0||j==N-1)               /*最外面一圈为墙壁*/
map[i][j]=1;
else
if(i==1&&j==1||i==N-2&&j==N-2)               /*出发点与终点表示为可走的*/
map[i][j]=0;
else
map[i][j]=random(2);                         /*其他的随机生成 0 或 1*/
}
}
}
void PrMap(int (*map)[N])                     /*输出迷宫图*/
{
int i,j;
for(i=0;i<N;i++)
for(j=0;j<N;j++)
if(map[i][j]==0)
{
setfillstyle(SOLID_FILL,WHITE);              /*白色为可走的路*/
```

```
bar(100+j*15-6,50+i*15-6,100+j*15+6,50+i*15+6);
}
else
{
setfillstyle(SOLID_FILL,BLUE);          /*蓝色为墙壁*/
bar(100+j*15-6,50+i*15-6,100+j*15+6,50+i*15+6);
}
}
void Find(void)                         /*找到通路*/
{
int i;
setfillstyle(SOLID_FILL,RED);           /*红色输出为走的具体路线*/
wayn--;
for(i=wayn;i>=0;i--)
{
bar(100+way[i][1]*15-6,50+way[i][0]*15-6,100+
way[i][1]*15+6,50+way[i][0]*15+6);
sleep(1);                               /*控制显示时间*/
}
bar(100+(N-2)*15-6,50+(N-2)*15-6,100+
(N-2)*15+6,50+(N-2)*15+6);              /*在目标点标红色*/
setcolor(GREEN);
settextstyle(0,0,2);                    /*设置字体大小*/
outtextxy(130,400,"Find a way!");
}
void NotFind(void)                      /*没找到通路*/
{
setcolor(GREEN);
settextstyle(0,0,2);                    /*设置字体大小*/
outtextxy(130,400,"Not find a way!");
}
void Result(void)                       /*结果处理*/
{
if(yes)                                 /*如果找到*/
Find();
else                                    /*没找到路*/
NotFind();
getch();
}
void Close(void)                        /*图形关闭*/
{
closegraph();
}
```

运行结果如图 5-6 所示。

图 5-6　迷宫问题

本章主要讨论递归过程。一个递归的定义可以用递归的过程计算，一个递归的数据结构可以用递归的过程实现它的各种操作，一个递归问题也可以用递归的过程求解。因此，递归算法的设计是必须掌握的基本功。递归算法的一般形式：

```
void   p(参数表) {
   if(递归结束条件)
            可直接求解步骤;
      else   p(较小的参数);
            }
```

在设计递归算法时，可以先考虑在什么条件下可以直接求解。如果可以直接求解，考虑求解的步骤，设计基本项；如果不能直接求解，考虑是否可以把问题规模缩小求解，设计归纳项，从而给出递归求解的算法。必须通过多个递归过程的事例，理解递归。但需要说明的是，递归过程在时间方面是低效的。

要求理解递归的概念：什么是递归？递归的定义、递归的数据结构、递归问题以及递归问题的递归求解方法。理解递归过程的机制与利用递归工作栈实现递归的方法。

本章通过阶乘问题、背包问题、汉诺塔问题以及迷宫问题，理解递归解法，从而掌握如何利用相关数据结构实现递归问题的求解算法。

1．已知 A[n]为整数数组，试写出实现下列运算的递归算法：

（1）求数组 A 中的最大整数。

（2）求 n 个整数的和。

（3）求 n 个整数的平均值。

2．在 N 行 N 列的数阵中，数 K（1≤K≤N）在每行和每列中出现且仅出现一次，这样的数阵叫 N 阶拉丁方阵。例如下面所示的就是一个五阶拉丁方阵。试编写递归程序，从键盘输入 N 值后，打印出所有不同的 N 阶拉丁方阵，并统计个数。

```
1  2  3  4  5
2  3  4  5  1
3  4  5  1  2
4  5  1  2  3
5  1  2  3  4
```

3．最大公约数问题。给定两个整数 x 和 y，下面的递归定义给出 x 和 y 的最大公约数：

$$gcd(x,y)=\begin{cases} x, & if \ y=0 \\ gcd(y,x\%y), & if \ y\neq 0 \end{cases}$$，注意：在此定义中，%是指 mod 操作。试编写一个递归函数 gcd()，以整数 x 和 y 为参数，返回它们的最大公约数，并给出测试程序。

4．裴波那契数列问题。裴波那契数列描述为 0、1、1、2、3、5、8、13、21、34、55、……

从第三项开始，每一项是前两项的和，其递归定义为：$f_n=\begin{cases} 0 & (n=0) \\ 1 & (n=1) \\ f_{n-1}+f_{n-2} & (n\geqslant 2) \end{cases}$，试编写一个递归程序，求此数列第 n 项。

5．八皇后问题。设在初始状态下在国际象棋棋盘上没有任何棋子（皇后）。然后顺序在第 1 行，第 2 行，…，第 8 行上布放棋子。在每一行中有 8 个可选择位置，但在任一时刻，棋盘的合法布局都必须满足 3 个限制条件，即任何两个棋子不得放在棋盘上的同一行、同一列或者同一斜线上。试编写一个递归算法，求解并输出此问题的所有合法布局。

# 6

# 树

**本章学习导读**

我们已经学习了多种线性数据结构,本章将了解一类重要的非线性数据结构——树(Tree)形结构。直观看来,树是以分支关系定义的层次结构,这种结构在客观世界和计算机领域都有着广泛的应用。例如,人类社会的族谱和各种社会组织机构都可以用树来形象的表示,操作系统管理的文件目录结构也是一种树型结构。本章讨论了树形结构的相关内容,读者应重点掌握树的概念、二叉树的概念、存储结构和遍历运算等相关操作,树和森林与二叉树的转换,以及二叉排序树、哈夫曼树等典型树型结构的应用。

## 6.1 树的结构定义与基本操作

### 6.1.1 树的定义及相关术语

树(Tree)是 n(n≥0)个结点的有限集。在任意一棵非空树中:①有且仅有一个特定的称为根(Root)的结点,该结点没有前驱;②当 n>1 时,除根结点之外的其余结点分为 m(m>0)个互不相交的有限集 $T_1$,$T_2$,...,$T_m$,其中每一个集合 $T_i$(1≤i≤m)本身又是一棵树,并且称为根的子树(Subtree)。这是一个递归的定义,即在定义树时又用到了树这个术语。

根据上述定义,如图 6-1 所示,这是一棵含有 13 个结点的树,其中 A 是根,其余的结点分成 3 个互不相交的子集:$T_1$={B, E, F, K},$T_2$={C, G, L, M},$T_3$={D, H, I, J};$T_1$、$T_2$ 和 $T_3$ 都是 A 的子树,且本身又是一棵树。以 $T_1$ 为例,其根为 B,其余结点又分为两个互不相交的子集:$T_{11}$={E, K},$T_{12}$={F}。$T_{11}$ 和 $T_{12}$ 又都是 B 的子树。

下面以图 6-1 为例,说明有关树的一些术语。

结点（node）：树中的元素，包含数据项及若干指向其子树的指针。

结点的度（degree）：结点拥有的子树数。在图 6-1 中，结点 A 的度为 3，B 的度为 2，C 的度为 1。

树的度：树内各结点度的最大值。图 6-1 中树的度为 3。

叶子（leaf）：度为 0 的结点，又称终端结点。图 6-1 中的结点 K、F、L、M、H、I、J 都是树的叶子。

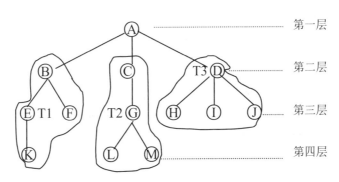

图 6-1　一棵含有 13 个结点的树

分支结点：树中度不为 0 的结点，又称非终端结点。

孩子（child）：结点的子树的根称为该结点的孩子。

双亲（parents）：对应上述称为孩子结点的上层结点即为这些结点的双亲。例如图 6-1 中，B 是 A 的孩子，A 是 B、C、D 的双亲。

兄弟（sibling）：同一双亲的孩子之间互为兄弟。图 6-1 中 B、C、D 之间互为兄弟。

堂兄弟：其双亲在同一层的结点互为堂兄弟。图 6-1 中 G 和 E、F、H、I、J 互为堂兄弟。

结点的祖先：从根到该结点所经分支上的所有结点。图 6-1 中，L 的祖先为 A、C、G。

结点的子孙：以某结点为根的子树中的任一结点都称为该结点的子孙。图 6-1 中，C 的子孙为 G、L、M。

结点的层次（level）：从根开始定义，根为第一层，根的孩子为第二层；若某结点在 i 层，则该结点的子树的根在 i+1 层。如图 6-1 所示，该树被分为 4 层。

深度（depth）：树中结点的最大层次数。图 6-1 中树的深度即为 4。

森林（forest）：是 m（m>0）棵互不相交的树的集合。对树中每个结点而言，其子树的集合即为森林。

有序树和无序树：如果各子树依次从左到右排列，不可对换，则称该子树为有序树，且把各子树分别称为第一子树，第二子树……；反之，称为无序树。

## 6.1.2　树的存储结构

树的存储结构可以有多种形式，但由于树是多分支非线性结构，在计算机中通常采用多重链表存储，即每个结点有多个指针域，其中每个指针指向该结点的子树的根结点。由于树中各结点的度数不同，所需的指针域个数也不同，因此结点一般有两种形式：定长结点型和不定长结点型。

所谓定长结点型即每个结点的指针域个数相同，等于树的度数，如图 6-2 所示。这种形式运算处理方便，但由于树中很多结点的度数都小于树的度数，使链表中有很多空指针域，造成空间浪费。

| Data | Link1 | Link2 | …… | Linkm |
|------|-------|-------|------|-------|

图 6-2　定长结点型

所谓不定长结点型即每个结点的指针域个数为该结点的度数，如图 6-3 所示。由于各结点的度数不同，使得各结点的长度不同，为处理方便，结点中除数据域和指针域之外一般还增加一个称为"度（degree）"的域，用于存储该结点的度。这种形式虽能节省存储空间，但运算不方便。

| Data | D(degree) | Link1 | Link2 | …… | Linkd |
|------|-----------|-------|-------|------|-------|

图 6-3　不定长结点型

如果把一般树转换成二叉树，然后用二叉树的方式存储，可以克服上述存储结构的缺陷。关于二叉树，将在 6.2 节作详细介绍。

### 6.1.3　树的基本操作

（1）InitTree(&T)：初始化操作，置 T 为空树。

（2）Root(T)：求根函数。若树 T 存在，则返回该树的根；若树 T 不存在，则函数值为"空"。

（3）Parent(T,x)：求双亲函数。若 x 为树 T 中的某个结点，则返回它的双亲，否则函数值为"空"。

（4）Child(T,x,i)：求孩子结点函数。求树 T 中结点 x 的第 i 个孩子结点，若 x 不是树 T 的结点或 x 无第 i 个孩子，则函数值为"空"。

（5）Right_Sibling(T,x)：求右兄弟函数。若树 T 中结点 x 有右兄弟，则返回它的右兄弟，否则函数值为"空"。

（6）TreeDepth(T)：求深度函数。若树 T 存在，则返回它的深度，否则函数值为"空"。

（7）Value(T,x)：求结点值函数。若 x 为树 T 中的某个结点，则返回该结点的值，否则函数值为"空"。

（8）Assign(T,x,value)：结点赋值函数。若 x 为树 T 中的某个结点，则将该结点赋值为 value。

（9）InsertChild(y,i,x)：插入子树操作。置以结点 x 为根的树为结点 y 的第 i 棵子树。若原树中无结点 y 或结点 y 的子树棵数小于 i-1，则空操作。

（10）DeleteChild(x,i)：删除子树操作。删除结点 x 的第 i 棵子树。若无结点 x 或 x 的子树棵数小于 i，则空操作。

（11）TraverseTree(T)：遍历操作。按某个次序依次访问树中各个结点，并使每个结点只被访问一次。

（12）ClearTree(&T)：清除结构操作。将树 T 置为空树。

树的应用广泛，在不同的软件系统中树的基本操作集不尽相同。

# 6.2　二叉树

## 6.2.1　二叉树的定义与基本操作

二叉树（Binary Tree）是另一种树形结构，它的特点是每个结点至多只有两棵子树，且二叉树的子树有左右之分，其次序不能任意颠倒，即二叉树是度≤2 的有序树。

也可以以递归的形式定义为：二叉树是 n（n≥0）个结点的有限集，n=0 时称为空二叉树；n>0 时，二叉树由一个根结点和两棵互不相交的、分别称为左子树和右子树的二叉树所构成。

二叉树可以有五种基本形态，如图 6-4 所示。

（a）n=0，二叉树为空。

（b）n=1，二叉树只有一个结点作为根结点。

（c）n>1，二叉树由根结点、非空的左子树和空的右子树组成；

（d）n>1，二叉树由根结点、空的左子树和非空的右子树组成；

（e）n>1，二叉树由根结点、非空的左子树和非空的右子树组成。

（a）空二叉树　（b）只有根结点的二叉树　（c）右子树为空的二叉树　（d）左子树为空的二叉树　（e）左、右子树均非空的二叉树

图 6-4　二叉树的基本形态

**注意**：二叉树的左、右子树是严格区分、不能颠倒的，图 6-4 中（c）和（d）就是两棵不同的二叉树。某结点的分支上即使只有一个孩子，也一定要区分是左孩子还是右孩子。

与树的基本操作相似，二叉树也有如下一些基本操作：

（1）InitBiTree(&BT)：初始化操作，置 BT 为空树。

（2）Root(BT)：求根函数。若二叉树 BT 存在，则返回该树的根，若不存在，则函数值为"空"。

（3）Parent(BT,x)：求双亲函数。若 x 为二叉树 BT 中的非根结点，则返回它的双亲，否则函数值为"空"。

（4）LeftChild(BT,x)和 RightChild(BT,x)：求孩子结点函数。分别求二叉树 BT 中结点 x 的左孩子和右孩子结点。若无左孩子或右孩子，则返回"空"。

（5）LeftSibling(BT,x)和 RightSibling(BT,x)：求兄弟函数。分别求二叉树 BT 中结点 x 的左兄弟和右兄弟结点。若 x 无左兄弟或右兄弟，则返回"空"。

（6）BiTreeDepth(BT)：求深度函数。若二叉树 BT 存在，则返回它的深度；否则函数值为"空"。

（7）Value(BT,x)：求结点值函数。若 x 为二叉树 BT 中的某个结点，则返回该结点的值；否则函数值为"空"。

（8）Assign(BT,x,value)：结点赋值函数。若 x 为二叉树 BT 中的某个结点，则将该结点赋值为 value。

（9）InsertChild(BT,p,LR,c)：插入子树操作。若二叉树 BT 存在，p 指向 BT 中某个结点，LR 为 0 或 1，非空二叉树 c 与 BT 不相交且根的右子树为空，则根据 LR 为 0 或 1 插入 c 为 BT 中 p 所指向的结点的左子树或右子树。P 所指向结点原有左子树或右子树则成为 c 的根结点的右子树。

（10）DeleteChild(BT,p,LR)：删除子树操作。若二叉树 BT 存在，p 指向 BT 中某个结点，LR 为 0 或 1，则根据 LR 为 0 或 1 删除 BT 中 p 所指向结点的左子树或右子树。

（11）PreOrderTraverse(BT,Visit())：先序遍历操作。若二叉树 BT 存在，Visit 是对结点操作的应用函数，则先序遍历 BT，对每个结点调用函数 Visit 一次且仅一次，一旦 Visit()失败，则操作失败。

（12）InOrderTraverse(BT,Visit())：中序遍历操作。若二叉树 BT 存在，Visit 是对结点操作的应用函数，则中序遍历 BT，对每个结点调用函数 Visit 一次且仅一次，一旦 Visit()失败，则操作失败。

（13）PostOrderTraverse(BT,Visit())：后序遍历操作。若二叉树 BT 存在，Visit 是对结点操作的应用函数，则后序遍历 BT，对每个结点调用函数 Visit 一次且仅一次，一旦 Visit()失败，则操作失败。

（14）LevelOrderTraverse(BT,Visit())：层序遍历操作。若二叉树 BT 存在，Visit 是对结点操作的应用函数，则层序遍历 BT，对每个结点调用函数 Visit 一次且仅一次，一旦 Visit()失败，则操作失败。

（15）ClearBiTree(&BT)：清除结构操作。将二叉树树 BT 置为空树。

读者也可以自己定义二叉树的基本操作集。

下面介绍两种特殊形式的二叉树。

（1）满二叉树。

深度为 h 且含有 $2^h - 1$ 个结点的二叉树称为满二叉树。如图 6-5 所示为一棵深度为 4 的满二叉树。结点的编号方法为自上而下，自左而右。

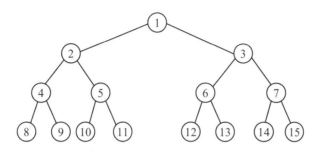

图 6-5　深度为 4 的满二叉树

（2）完全二叉树。

如果一棵有 n 个结点的二叉树按满二叉树方式自上而下，自左而右对它进行编号，若树中所有结点和满二叉树 1～n 编号完全一致，则称该树为完全二叉树。如图 6-6 所示，（a）为完全二叉树，而（b）则不是完全二叉树。

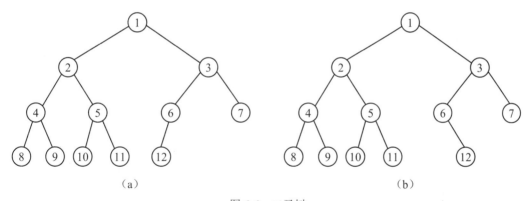

（a）　　　　　　　　　　　　　　　　　（b）

图 6-6　二叉树

## 6.2.2　二叉树的性质

**性质 1**　二叉树的第 i 层上至多有 $2^{i-1}$（i≥1）个结点。

证明：用归纳法证。

i=1 时，只有一个根结点。显然，结点数为 $2^{i-1} = 2^0 = 1$ 成立。

现在假定对所有的 j（1≤j<i），命题成立，即第 j 层上至多有 $2^{j-1}$ 个结点。那么可以证明 j=i 时命题也成立。

由归纳假设，第 i-1 层上结点数至多有 $2^{(i-1)-1} = 2^{i-2}$ 个结点，由于二叉树每个结点度至多为

2，因此第 i 层上结点数至多为第 i−1 层上结点数的 2 倍。即

$$2*2^{i-2}=2^{i-1}$$

证毕。

**性质 2** 深度为 h 的二叉树中至多含有 $2^h-1$ 个结点。

证明：由性质 1 可得，在深度为 h 的二叉树中至多含有结点数为

$$\sum_{i=1}^{h}(\text{第}i\text{层上的最大结点数})=\sum_{i=1}^{h}2^{i-1}=2^{h-1}$$

证毕。

**性质 3** 若在任意一棵二叉树中，有 $n_0$ 个叶子结点，有 $n_2$ 个度为 2 的结点，则必有 $n_0=n_2+1$。

证明：设 $n_1$ 为度为 1 的结点数，则总结点数 n 为：

$$n=n_0+n_1+n_2 \tag{1}$$

二叉树中除根结点外其他结点都有一个指针与其双亲相连，若指针数为 b，满足：

$$n=b+1 \tag{2}$$

而这些指针又可以看作由度为 1 和度为 2 的结点与它们孩子之间的联系，于是 b 和 $n_1$、$n_2$ 之间的关系为：

$$b=n_1+2*n_2 \tag{3}$$

由（2）、（3）可得：

$$n=n_1+2*n_2+1 \tag{4}$$

比较（1）、（4）式可得：

$$n_0=n_2+1$$

证毕。

**性质 4** 具有 n 个结点的完全二叉树深为 $\lfloor \log_2 n \rfloor+1$（其中 $\lfloor x \rfloor$ 表示不大于 x 的最大整数）。

证明：假设尝试为 h，则根据性质 2 和完全二叉树的定义有：

$$2^{h-1}-1<n\leq 2^h-1 \quad \text{或} \quad 2^{h-1}\leq n<2^h$$

于是 $h-1\leq \log_2 n<h$

∵ h 是整数

∴ $h=\lfloor \log_2 n \rfloor+1$

**性质 5** 若对一棵有 n 个结点的完全二叉树进行顺序编号（$1\leq i\leq n$），那么，对于编号为 i（$i\geq 1$）的结点：

- 当 i=1 时，该结点为根，它无双亲结点。
- 当 i>1 时，该结点的双亲结点的编号为 $\lceil i/2 \rceil$。
- 若 $2i\leq n$，则有编号为 2i 的左孩子，否则没有左孩子。
- 若 $2i+1\leq n$，则有编号为 2i+1 的右孩子，否则没有右孩子。

（证明略）。

对一棵具有 n 个结点的完全二叉树，从 1 开始按层序编号，则结点 i 的双亲结点为 i/2；结点 i 的左孩子为 2i；结点 i 的右孩子为 2i+1。性质 5 表明，在完全二叉树中，结点的层序编号反映了结点之间的逻辑关系。

### 6.2.3　二叉树的存储结构

#### 1. 顺序存储结构

二叉树的顺序存储结构就是用一维数组存储二叉树中的结点，并且结点的存储位置（下标）应能体现结点之间的逻辑关系——父子关系。如何利用数组下标来反映结点之间的逻辑关系呢？二叉树的性质 5 为二叉树的顺序存储指明了存储规则：依照完全二叉树的结点编号次序，依次存放各个结点。

**注意**：C 语言中数组的起始地址为 0，编号为 i 的结点存储在下标为 i−1 的单元内。如图 6-7（b）所示。为了让编号与下标统一起来，还可以空出下标为 0 的数组地址，即从下标 1 开始存放第一个元素（根结点），如图 6-7（c）所示。

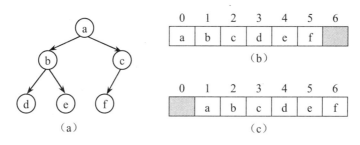

图 6-7　完全二叉树的顺序存储结构

完全二叉树和满二叉树中结点的序号可以唯一地反映出结点之间的逻辑关系，采用顺序存储结构，可以直接存取这类二叉树中的任意数据元素。由于每个数据元素的存储位置暗藏彼此之间的关系，可以根据结点的编号，直接计算出它的父结点、左（右）孩子结点的位置。类似地，结点的查找、统计，结点路径的识别，都能非常便捷地计算出来。

对于满二叉树、完全二叉树来说，顺序存储结构的存储效率极高，所有的空间仅仅用来存储数据元素的值，结点之间关系的存储未占用任何空间。

然而对于一般的二叉树，又该如何实现顺序存储呢？方法是补足不存在的结点，用特殊数据标识这些替补结点，使整棵树在形式上满足完全二叉树的定义，如图 6-8 所示。

一棵二叉树改造成完全二叉树形态，需增加很多空结点，造成存储空间的浪费。因此，二叉树的顺序存储结构一般仅存储完全二叉树。

#### 2. 链式存储结构

链式存储结构的基本思想是：令二叉树的每个结点对应一个链表结点，链表结点除了存放与二叉树结点有关的数据信息外，还要存储逻辑结构的信息。通常用具有两个指针域的链表作为二叉树的存储结构，其中每个结点由数据域 data、左指针域 Lchild 和右指针域 Rchild 组成。两个指针域分别指向该结点的左、右孩子。若某结点没有左孩子或右孩子，则对应的指针域为空。当然，还需要一个链表的头指针指向根结点。二叉树的链接存储结构也叫二叉链表，如图 6-9 所示。

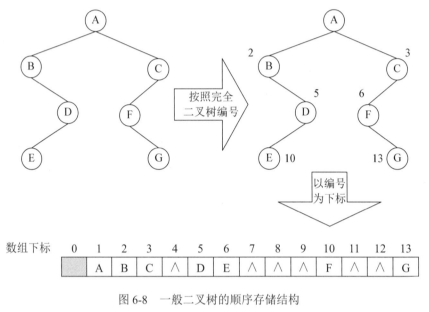

| 数组下标 | 0 | 1 | 2 | 3 | 4 | 5 | 6 | 7 | 8 | 9 | 10 | 11 | 12 | 13 |
|---|---|---|---|---|---|---|---|---|---|---|---|---|---|---|
| | | A | B | C | ∧ | D | E | ∧ | ∧ | ∧ | F | ∧ | ∧ | G |

图 6-8　一般二叉树的顺序存储结构

| Lchild | Data | Rchild |
|---|---|---|

图 6-9　二叉链表

二叉链表的结点类型定义如下：

```
typedef struct btnode
   { anytype data;
      struct btnode *Lch,*Rch;
    }tnodetype;
```

图 6-10 是二叉树的图形表示及其二叉链表表示。

从二叉链表中，可以很方便的得到某结点的孩子结点的信息，却不能得到该结点的双亲信息，因此也可用三叉链表的形式存储二叉树。三叉链表的结点比二叉链表多了一个指向结点双亲的指针，结点描述为：

```
typedef struct btnode3
   { anytype data;
      struct btnode *Lch,*Rch,*Parent ;
    }tnodetype3;
```

图 6-10 中的（b）所示即为该树的三叉链表表示。

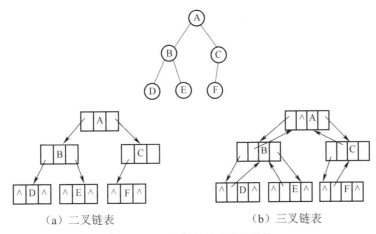

（a）二叉链表　　　　　　　　（b）三叉链表

图 6-10　二叉树的链式存储结构

### 6.2.4　树与二叉树的相互转换

树和二叉树是两种不同的数据结构。树是无序的，多分支的；二叉树是有序的，最多有两个分支。树实现起来比较麻烦，而二叉树实现起来相对比较容易。可以找到相应的对应关系，使得对于给定的一棵树，可以找到唯一的一棵二叉树与之对应。这样就可以将有关树的问题转化为相对简单的二叉树问题进行研究了。

这里先介绍树转换成二叉树的一般方法，如图 6-11（a）所示。操作步骤如下：

（1）加线：在各兄弟结点之间加一条虚连线。

（2）抹线：保留双亲与第一个孩子的连线，抹去与其他孩子的连线。

（3）旋转：新加上的虚线改为实线，顺时针转动约 45 度，使之层次分明。

这样转换成的二叉树有两个特点：

（1）根结点没有右子树。

（2）转换生成的二叉树中各结点的右孩子是原来树中该结点的兄弟，而该结点的左孩子还是原来树中该结点的左孩子。

如何将二叉树还原成一般的树呢？将一棵二叉树还原成树的过程也分为三步，如图 6-11（b）所示。操作步骤如下：

（1）加线：若某结点 i 是其双亲结点的左孩子，则将该结点 i 的右孩子、右孩子的右孩子……都分别与结点 i 的双亲结点用虚线连接。

（2）抹线：将原二叉树中所有双亲结点与其右孩子的连线抹去。

（3）整理：把虚线改为实线，将结点按层次排列。

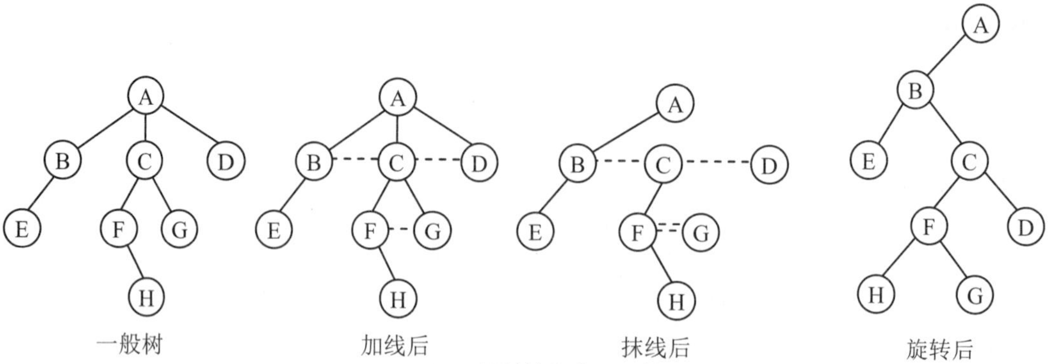
A
B
C
D
E
F
G
H
一般树
加线后
抹线后
旋转后

（a）一般树转换为二叉树

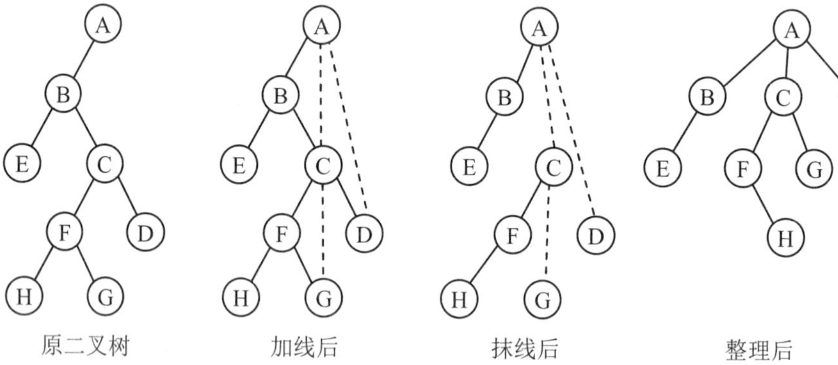
A
B
C
D
E
F
G
H
原二叉树
加线后
抹线后
整理后

（b）二叉树还原为一般树

图 6-11　树与二叉树的相互转换

## 6.3　遍历二叉树

遍历（Traversing）二叉树是指按照一定规则和次序访问二叉树中的所有结点，并且每个结点仅被访问一次。对于线性结构来说，遍历很容易实现，顺序扫描结构中的每个数据元素即可。但二叉树是非线性结构，遍历时是先访问根结点还是先访问子树，是先访问左子树还是先访问右子树必须有所规定，这就是遍历规则。采用不同的遍历规则会产生不同的遍历结果，因此必须人为设定遍历规则。

考虑到一棵非空二叉树是由根结点、左子树和右子树三个基本部分组成，遍历二叉树只要依次遍历这三部分即可。我们用 D、L、R 分别表示访问根结点、遍历左子树和遍历右子树，同时规定先左后右，则可以得到三种遍历规则，即：

DLR：先序（根）遍历。

LDR：中序（根）遍历。

LRD：后序（根）遍历。

下面将分别具体介绍这样三种形式的遍历规则。

### 6.3.1 先序遍历

当二叉树非空时按以下顺序遍历，否则结束操作：

（1）访问根结点。

（2）按先序遍历规则遍历左子树。

（3）按先序遍历规则遍历右子树。

例如对如图 6-12 所示的二叉树按先序遍历规则遍历，则遍历结果为：A B D E C F G。

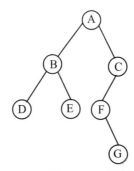

图 6-12　二叉树

遍历操作让二叉树中各结点按指定的顺序线性排列，使得非线性的二叉树线性化。由于先序遍历规则是一种递归定义的规则，所以可以很容易写出 C 语言的先序遍历递归算法：

```
void preorder (tnodetype *t)
/*先序遍历二叉树算法，t 为指向根结点的指针*/
{   if (t!=NULL)
        {printf("%d ",t->data);
         preorder(t->lch);
         preorder(t->rch);
         }
    }
```

### 6.3.2 中序遍历

当二叉树非空时按以下顺序遍历，否则结束操作：

（1）按中序遍历规则遍历左子树。

（2）访问根结点。

（3）按中序遍历规则遍历右子树。

例如对如图 6-12 所示的二叉树按中序遍历规则遍历，则遍历结果为：D B E A F G C。中序遍历的递归算法可描述如下：

```
void inorder(tnodetype *t)
/*中序遍历二叉树算法，t 为指向根结点的指针*/
```

```
{
    if(t!=NULL)
    {inorder(t->lch);
     printf("%d ",t->data);
     inorder(t->rch);
    }
}
```

### 6.3.3 后序遍历

当二叉树非空时按以下顺序遍历，否则结束操作：

（1）按后序遍历规则遍历左子树。

（2）按后序遍历规则遍历右子树。

（3）访问根结点。

例如对如图 6-12 所示的二叉树按后序遍历规则遍历，则遍历结果为：D E B G F C A。后序遍历的递归算法可描述如下：

```
void postorder(tnodetype *t)
/*后序遍历二叉树算法，t 为指向根结点的指针*/
{
    if(t!=NULL)
    { postorder(t->lch);
      postorder(t->rch);
      printf("%d ",t->data);
    }
}
```

以上给出了三种不同的遍历二叉树的方法。下面再看一个例子。

对于如图 6-13 所示的二叉树，采用先序遍历，得到的结果为：

$$-+a*b-cd/ef \qquad (1)$$

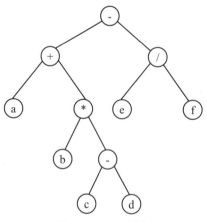

图 6-13　二叉树实例

采用中序遍历得到的结果为：

$$a+b*c-d-e/f \hspace{3cm} (2)$$

采用后序遍历得到的结果为：

$$abcd-*+ef/- \hspace{3cm} (3)$$

以上三个结果（1）、（2）和（3）恰好为表达式的前缀表达式（波兰式）、中缀表达式和后缀表达式（逆波兰式）。

上述三种遍历都是采用递归的方式实现的，事实上也可以通过设立一个栈，实现三种遍历的非递归算法。有兴趣的读者可以思考它的实现过程。

### 6.3.4 层次遍历

也可按二叉树的层次对其进行遍历。例如对图 6-12 所示的二叉树按层次遍历的结果为：A B C D E F G。如果引入队列作为辅助存储工具，层次遍历二叉树的算法可描述如下：

```
void levelorder(tnodetype *t)
/*按层次遍历二叉树算法，t 为指向根结点的指针*/
{tnodetype q[20];              /*辅助队列*/
 front=0;
 rear=0;                       /*置空队列*/
 if (t!=NULL)
    { rear++;
     q[rear]=t;                /*根结点入队*/
    }
while (front!=rear)
     { front++;
     t=q [front];
     printf ("%c\n",t->data);
     if (t->lch!=NULL)         /*t 的左孩子不空，则入队*/
       { rear++;
        q [rear]=t->lch;
        }
     if (t->rch!=NULL)         /*t 的右孩子不空，则入队*/
       { rear++;
        q [rear]=t->rch;
        }
     }
}
```

### 6.3.5 遍历算法的应用

利用二叉树的遍历算法的思路，可以解决其他一些关于二叉树的实际问题。

1. 统计二叉树中的结点个数和叶子结点个数

前面所介绍的遍历二叉树，即以一定的次序访问二叉树中的每个结点，并且每个结点只能被访问一次，这为统计二叉树中的结点个数和叶子结点个数提供了方便。因此可分别设置计数器 countnode 和 countleaf 分别记录结点和叶子结点的个数，countnode 和 countleaf 为全局变量，其初值为 0。按一定的次序每访问一个结点便将 countnode 加 1，同时判断该结点是否为叶子结点，若是，则将 countleaf 也加 1。下面以中序遍历的方法统计二叉树中的结点数和叶子结点数，算法描述如下：

```
void inordercount (tnodetype *t)
/*中序遍历二叉树，统计树中的结点数和叶子结点数*/
{ if (t!=NULL)
    { inordercount (t->lch);                /*中序遍历左子树*/
      printf ("%c\n",t->data);              /*访问根结点*/
      countnode++;                          /*结点计数*/
      if ((t->lch==NULL)&&(t->rch==NULL))
          countleaf++;                      /*叶子结点计数*/
      inordercount (t->rch);                /*中序遍历右子树*/
    }
}
```

同样也可采用先序或后序遍历的方法统计二叉树的结点个数和叶子结点个数。

2. 计算二叉树的深度

可按如下方法计算一棵二叉树的深度：对于非空二叉树，遍历得到左子树的深度，遍历得到右子树的深度，比较两者的值，得到其中较大者，这棵二叉树的深度就是该值加 1。算法描述如下：

```
int   depth(tnodetype *t)
{ if (t==NULL)
    return(0);
    else
    { dep1=depth(t->lch);
      dep2=depth(t->rch);
      if (dep1>dep2)
          return(dep1+1);
      else
          return(dep2+1);
    }
}
```

此算法便是利用先序遍历的思路统计二叉树的深度的。

3. 根据关键值查找结点

通常用先序遍历的思路实现查找：对于非空树，首先比较根结点的内容是否等于给定关键值，若相等，则查找成功，返回根结点的地址；若不等，则在左子树中查找。在左子树中若查找成功，则不再继续查找，返回当前找到结点的地址；若查找不成功，则继续在右子树中查找，返回右子树中是否找到的信息。算法描述如下：

```
tnodetype Search(tnodetype *p, anytype e)
{
```

```
        if (p==NULL)   return(NULL);
        if (p->data==e)   return(p);          //查找成功
        tnodetype *q=Search(p->lch, e);
        if (q)   return q;                    //若左子树中查找成功，则不再继续查找
        return Search(p->rch, e);             //在右子树中查找，返回成功否的信息
}
```

4．查找结点的父结点

通常用先序遍历的思路实现查找：对于非空树，首先比较根结点的内容是否等于给定关键值，若相等，则查找成功，返回根结点的地址；若不等，则在左子树中查找。在左子树中若查找成功，则不再继续查找，返回当前找到结点的地址；若查找不成功，则继续在右子树中查找，返回右子树中是否找到的信息。算法描述如下：

```
tnodetype searchParent(tnodetype *p, tnodetype   *child)
{
        if (p==NULL || child==NULL) return NULL;
        if (p->lch==child || p->rch==child)   return p;
        tnodetype *q= searchParent (p->lch, child);
        if (q)   return q;
        return searchParent (p->rch, child);
}
tnodetype searchParent (tnodetype   *child)
{ return SearchParent(root, child);
}
```

由这几种应用可以看出，遍历二叉树是二叉树各种操作的基础，遍历算法中对每个结点的访问操作可以是多种形式及多个操作。根据遍历算法的框架，适当修改访问操作的内容，可以派生出很多关于二叉树的应用算法。

# 6.4　线索二叉树

从上节关于二叉树的遍历的讨论可以看出，遍历二叉树是以一定的规则将二叉树中的结点排列成一个线性序列，这实质上是对一个非线性结构进行的线性化操作，使每个结点（除第一个和最后一个外）在这个线性序列中有且仅有一个直接前驱和直接后继。换句话说，二叉树的结点之间隐含着某种线性关系，这种线性关系要通过遍历才能显示出来。例如对于图 6-14 所示的二叉树进行中序遍历，可得到中序序列 a+b*c-d/e，其中"b"的直接前驱为"+"，直接后继为"*"。

在遍历序列中，每个结点都有自己的前驱和后继，求结点的前驱和后继属于基本操作。快速地实现这个基本操作，对二叉树许多算法的性能有重要意义。

如何求结点的前驱和后继？最简单的方法是在遍历过程中寻求答案。该方法的缺点是时间复杂度等同遍历算法的时间复杂度 O(n)，这对于基本操作而言，显然效率太低。

如何快捷地找出结点在遍历过程中的前驱、后继？如何保存遍历过程得到的先后次序？

方法是：在现有结点结构（一个数据域，两个地址域）的基础上，增加前驱域和后继域，分别指向结点在某种遍历规则下的前驱和后续。这种方法的缺点是空间浪费太大。

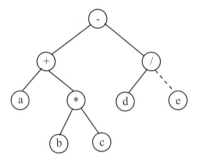

图 6-14　二叉树实例

　　能否在不增加存储空间的前提下保留结点的线性前驱和后继信息呢？可以发现，含有 n 个结点的二叉树中有 n-1 条边指向其左、右孩子，这意味着在二叉链表中的 2n 个孩子指针域中只用到了 n-1 个域，另外还有 n+1 个指针域是空的。因此可以利用这些空指针来存放结点的线性前驱和后继信息。

　　具体方法是：若结点有左子树，则其 lchild 域指向其左孩子，否则令 lchild 域指向其直接前驱；若结点有右子树，则其 rchild 域指向其右孩子，否则令 rchild 域指向其直接后继。但是，在计算机存储中如何区分结点的指针是指向其孩子还是指向其线性关系的前驱和后继呢？为此，结点中还需要增加两个标志域，用于标识结点指针的性质。因为标志域长度很小，增加的存储开销不大。修改后的二叉链表结点结构如下：

| Lchild | Ltag | Data | Rtag | Rchild |
| --- | --- | --- | --- | --- |

其中：

ltag=0 时表示 lchild 指示结点的左孩子。

ltag=1 时表示 lchild 指示结点的直接前驱。

rtag=0 时表示 rchild 指示结点的右孩子。

ltag=1 时表示 rchild 指示结点的直接后继。

　　以这种结构的结点构成的二叉链表作为二叉树的存储结构，叫做线索链表；指向结点直接前驱和后继的指针叫做线索；加上线索的二叉树叫做线索二叉树；对二叉树以某种次序遍历将其变为线索二叉树的过程叫做线索化。

　　对二叉树进行不同顺序的遍历，得到的结点序列不同，由此产生的线索二叉树也不同，所以有前序线索二叉树、中序线索二叉树和后序线索二叉树之分。如图 6-15 所示为中序线索二叉树，与其对应的中序线索链表如图 6-16 所示。其中实线为指向子树的指针，虚线为指向线索直接前驱和后继的指针。

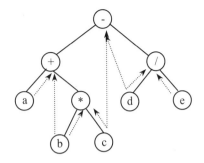

图 6-15  中序线索二叉树

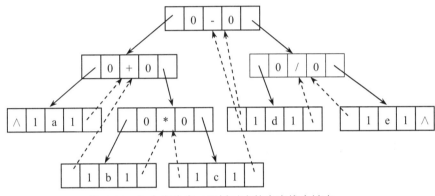

图 6-16  与中序线索二叉树对应的中序线索链表

线索二叉树的结点类型定义如下：

```
struct nodexs
{      anytype data;
       struct nodexs *lch, *rch;
int ltag,rtag;    /*左、右标志域*/
}
```

读者应能熟练地画出另外两种遍历方式下的线索链表。

## 6.4.1  中序次序线索化算法

中序次序线索化是指按照前面定义的结点形式（每个结点有 5 个域）建立某二叉树的二叉链表，然后按中根遍历的方式在访问结点时建立线索，具体算法描述如下：

```
void inorderxs (struct nodexs *t)
/*中序遍历 t 所指向的二叉树，并为结点建立线索*/
 { if (t!=NULL)
     { inorderxs (t->lch);
        printf ("%c\n",t->data);
        if (t->lch!=NULL)
            t->ltag=0;
     else { t->ltag=1;
```

```
            t->lch=pr;
        }                /*建立 t 所指向结点的左线索，令其指向前驱结点 pr*/
    if (pr!=NULL)
      { if (pr->rch!=NULL)
          pr->rtag=0;
        else { pr->rtag=1;
               pr->rch=p;
             }
      } /*建立 pr 所指向结点的右线索，令其指向后继结点 p*/
    pr=p;
    inorderxs (t->rch);
  }
}
```

此算法中指针 pr 始终指向当前结点 p 的前驱结点，在线索化的过程中，一边判断二叉树的结点有无左、右孩子，一边将相应的标志域置为 0 或 1。要引起注意的是，指针 pr 是一个全局变量，在主程序中应将其初值置为空，而在递归调用结束时，p 为空，表明 pr 已指向最后一个结点，没有后继结点了，因此在返回主程序时，应执行 pr->rch=NULL，至此整个线索化过程结束。

### 6.4.2　在中根线索树上检索某结点的前驱算法

已知指针 q 指向某结点，要求在中根线索树上检索该结点的前驱结点。根据线索二叉树的定义知道，若 q->ltag=1，则 q->lch 就指向 q 的前驱结点；而当 q->ltag=0 时，表明 q 所指向的结点有左孩子，此时应根据中根遍历的规则寻找 q 所指向结点的前驱结点，应该是中根遍历 q 所指向的结点的左子树时访问的最后一个结点，即左子树的最右尾结点。因此，在中根线索树上检索某结点的前驱结点的算法描述如下：

```
struct nodexs * inpre (struct nodexs *q)
/*在中根线索树上检索 q 所指向的结点的前驱结点*/
  { if (q->ltag==1)
      p=q->lch;
    else { r=q->lch;
           while (r->rtag!=1)
                r=r->rch;
           p=r;
         }
    return (p);
  }
```

### 6.4.3　在中根线索树上检索某结点的后继算法

已知指针 q 指向某结点，要求在中根线索树上检索该结点的后继结点。根据线索二叉树的定义知道，若 q->rtag=1，则 q->rch 就指向 q 的后继结点；而当 q->rtag=0 时，表明 q 所指向的结点有右孩子，此时也应根据中根遍历的规则寻找 q 所指向结点的后继结点，应该是中根遍历 q 所指向的结点的右子树时访问的第一个结点，即右子树的最左尾结点。因此，在中根线索树上检索某结点的后继结点的算法描述如下：

```
struct nodexs * insucc (struct nodexs *q)
/*在中根线索树上检索 q 所指向的结点的后继结点*/
  { if (q->rtag==1)
      p=q->rch;
    else { r=q->rch;
          while (r->ltag!=1)
              r=r->lch;
          p=r;
          }
    return (p);
}
```

# 6.5 二叉排序树

所谓排序是指把一组无序的数据元素按指定的关键字值重新组织起来，形成一个有序的线性序列。二叉排序树是一种特殊结构的二叉树，它利用二叉树的结构特点实现排序。

## 6.5.1 二叉排序树的定义

二叉排序树或是空树，或是具有下述性质的二叉树：

（1）若其左子树非空，则其左子树上的所有结点的数据值均小于根结点的数据值；若其右子树非空，则其右子树上所有结点的数据值均大于或等于根结点的数据值。

（2）左子树和右子树又各是一棵二叉排序树。如图 6-17 所示就是一棵二叉排序树。

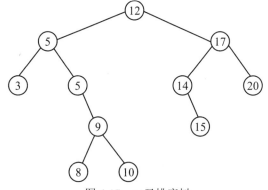

图 6-17 二叉排序树

对上图中的二叉排序树进行中序遍历，会发现{3，5，5，8，9，10，12，14，15，17，20}是一个递增的有序序列。为使一个任意序列变成一个有序序列，可以通过将这些序列构成一棵二叉排序树来实现。

### 6.5.2 二叉排序树的生成

生成二叉排序树的过程是将一系列结点连续插入的过程。对任意一组数据元素序列{R1,R2,…, Rn}，生成一棵二叉排序树的过程为：

（1）令 R1 为二叉树的根。

（2）若 R2<R1，令 R2 为 R1 左子树的根结点，否则 R2 为 R1 的右子树的根结点。

（3）R3，…，Rn 结点的插入方法同上。

算法程序用 C 语言描述如下：

```
void insertbst(struct nodexs *t, struct nodexs *s)
/*将指针 s 所指的结点插入到以 t 为根指针的二叉树中*/
{ if (t==NULL)
    t=s;                        /*若 t 所指为空树，s 所指结点为根*/
    else if (s->data < t->data)
        insertbst(t->lch,s);    /*s 结点插入到 t 的左子树上去*/
    else
        insertbst(t->rch,s);    /*s 结点插入到 t 的右子树上去*/
}
```

图 6-18 所示为将序列{12，5，17，3，5，14，20，9，15，8，10}构成一棵二叉排序树的过程。

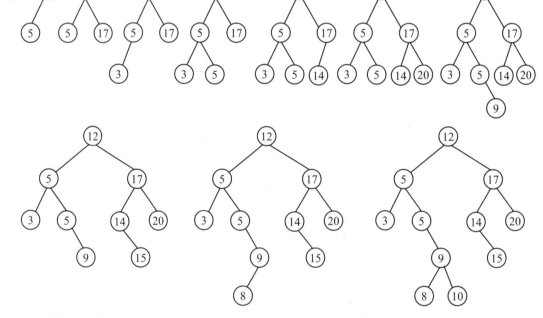

图 6-18　将序列{12，5，17，3，5，14，20，9，15，8，10}构成一棵二叉排序树的过程

由以上插入过程可以看出，每次插入的新结点都是二叉排序树的叶子结点，在插入操作中不必移动其他结点。这一特性可以用于需要经常插入和删除的有序表的场合。

### 6.5.3 删除二叉排序树上的结点

从二叉排序树上删除一个结点，要求还能保持二叉排序树的特征，即删除一个结点后的二叉排序树仍是一棵二叉排序树。

算法思想：根据被删除结点在二叉排序树中的位置，删除操作应按以下四种不同情况分别处理。

（1）被删除结点是叶子结点，只需修改其双亲结点的指针，令其 lch 或 rch 域为 NULL。

（2）被删除结点 P 有一个孩子，即只有左子树或右子树时，应将其左子树或右子树直接成为其双亲结点 F 的左子树或右子树即可，如图 6-19（a）所示。

（3）若被删除结点 P 的左、右子树均非空，这时要循 P 结点左子树根结点 C 的右子树分支找到结点 S，S 结点的右子树为空。然后将 S 的左子树成为 Q 结点的右子树，将 S 结点取代被删除的 P 结点。图 6-19（b）所示为删除前的情况，图 6-19（c）所示为删除 P 后的情况。

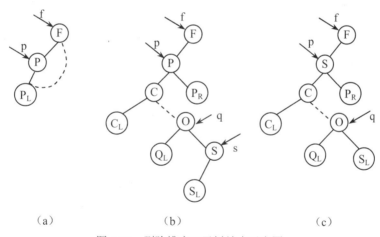

（a）　　　　　　（b）　　　　　　（c）

图 6-19　删除排序二叉树结点示意图

（4）若被删除结点为二叉排序树的根结点，则 S 结点成为根结点。

二叉排序树结点删除算法的 C 语言描述如下：

```
void delnode(struct nodexs *bt, struct nodexs *f, struct nodexs *p)
/*bt 为一棵二叉排序树的根指针，p 指向被删除结点，f 指向其双亲*/
/*当 p=bt 时 f 为 NULL*/
{ fag=0;                          /*fag=0 时需修改 f 指针信息，fag=1 时不需修改*/
  if (p->lch==NULL)
      s=p->rch;                   /*被删除结点为叶子或其左子树为空*/
  else if (p->rch==NULL)
          s=p->lch;
```

```
        else { q=p;                        /*被删除结点的左、右子树均非空*/
              s=p->lch;
              while (s->rch!=NULL)
                  { q=s;
                    s=s->rch;
                  }                        /*寻找 s 结点*/
              if (q=p)
                  q->lch=s->lch;
              else q->rch=s->lch;
              p->data=s->data;             /*s 所指向的结点代替被删除结点*/
              free(p);
              Fag=1;
              }
        if (fag=0)                         /*需要修改双亲指针*/
          { if (f=NULL)
                bt=s;                      /*被删除结点为根结点*/
            else if (f->lch=p)
                    f->lch=s;
                else f->rch=s;
            free(p);                       /*释放被删除结点*/
          }
}
```

# 6.6 哈夫曼树和哈夫曼算法

哈夫曼树（Huffman）又称最优树，是一类带权路径最短的树，这种树有着广泛的应用。

## 6.6.1 哈夫曼树的定义

首先介绍与哈夫曼树有关的一些术语。

路径长度：树中一个结点到另一个结点之间的分支构成这两个结点之间的路径，路径上的分支数目称为这对结点之间的路径长度。

树的路径长度：树的根结点到树中每一结点的路径长度之和。如果用 PL 表示路径长度，则图 6-20 所示的（a）、（b）两棵二叉树的路径长度分别为：

对图（a）：PL=0+1+2+2+3+4+5=17

对图（b）：PL=0+1+1+2+2+2+2+3=13

带权路径长度：从根结点到某结点的路径长度与该结点上权的乘积。

树的带权路径长度：树中所有叶子结点的带权路径长度之和，记作：

$$WPL = \sum_{k=1}^{n} W_k L_k$$

其中 n 为二叉树中叶子结点的个数，$W_k$ 为树中叶结点 k 的权，$L_k$ 为从树结点到叶结点 k

路径长度。

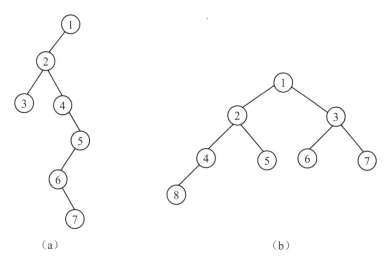

（a）　　　　　　　　　　　　　（b）

图 6-20　二叉树

哈夫曼树（最优二叉树）：WPL 为最小的二叉树。

如图 6-21 所示，三棵二叉树，都有 4 个叶子结点 a、b、c、d，分别带权 9、5、2、3，它们的带权路径长度分别为：

对图（a）：WPL=9*2+5*2+2*2+3*2=38

对图（b）：WPL=3*2+9*3+5*3+2*1=50

对图（c）：WPL=9*1+5*2+2*3+3*3=34

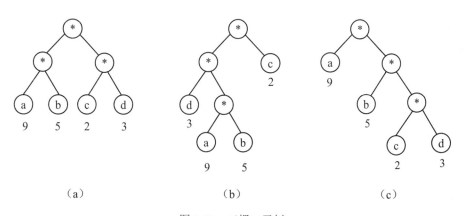

（a）　　　　　　　　　　　　　（b）　　　　　　　　　　　　　（c）

图 6-21　三棵二叉树

其中（c）最小。路径长度最短的二叉树，其带权路径长度不一定最短；结点权值越大离根越近的二叉树是带权路径最短的二叉树。可以验证，（c）为哈夫曼树。

### 6.6.2 构造哈夫曼树——哈夫曼算法

如何由已知的 n 个带权叶子结点构造出哈夫曼树呢？哈夫曼最早给出了一个带有一般规律的算法，俗称哈夫曼算法，现介绍如下：

（1）初始化。根据给定的 n 个权值{W1，W2，…，Wn}构成 n 棵二叉树的集合 F={T1，T2，…，Tn}，其中每棵二叉树中只有一个带权为 Wi 的根结点，如图 6-22（a）所示。

（2）选取与合并。在 F 中选择两棵根结点最小的树作为左、右子树，构造一棵新的二叉树，且置新的二叉树的根结点的权值为其左、右子树上根结点的权值之和，如图 6-22（b）所示。

（3）删除与加入。将新的二叉树加入 F 中，去除原来两棵根结点权值最小的树。

（4）重复（2）和（3）步知道 F 中只含有一棵树为止，这棵树就是哈夫曼树。如图 6-22（d）所示。

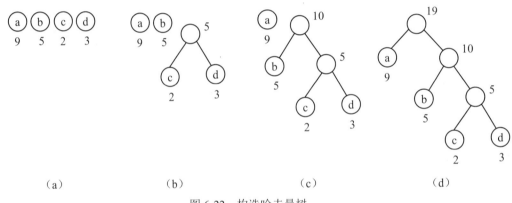

（a）　　　　（b）　　　　（c）　　　　（d）

图 6-22　构造哈夫曼树

### 6.6.3 哈夫曼树的应用

1. 判定问题

在解决某些判定问题时，利用哈夫曼树可以得到最佳判定算法。例如，要编制一个将学生百分成绩按分数段转换成五分制的程序，其中 90 分以上为'A'，80～89 分为'B'，70～79 分为'C'，60～69 分为'D'，0～59 分为'E'。假定理想状况为学生各分数段成绩分布均匀，利用条件语句可以简单地实现算法，语句如下：

```
if (a<60) level="E";
    else if (a<70) level ="D"
        else if (a<80) level ="C"
            else if (a<90) level ="B"
                else level ="A";
```

这个判定过程可以用图 6-23（a）中所示的判定树来表示。如果在数据量很大时需要转换，程序需要多次反复执行，则需要考虑上述程序执行的效率问题。因为实际情况中，学生各分数段成绩分布是不均匀的。假设其分布关系如下表所示。

| 分数段 | 0~59 | 60~69 | 70~79 | 80~89 | 90~100 |
|---|---|---|---|---|---|
| 比例（%） | 5 | 15 | 40 | 30 | 10 |

表中 80%以上的数据需要进行三次或三次以上的比较才能得到结果。这个问题如果利用哈夫曼树的特征，则可得到如图 6-23（b）所示的判定过程，它使得大部分数据经过较少的比较次数就能得到结果。由于该方法的每个判定框都有两次比较，将这两次比较分开，可得到如图 6-23（c）所示的判定树，按此判定树可写出最优判定的程序。假设现在有 10000 个输入数据，若按图 6-23（a）进行判定过程，总共要进行 31500 次比较，而若按图 6-21（c）所示的过程进行计算，则仅需 22000 次比较。

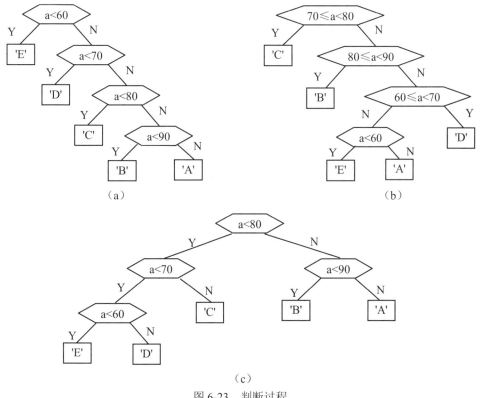

图 6-23　判断过程

## 2. 哈夫曼编码

电报是远距离快速通讯的有效手段，它的通讯原理是：将需要传送的文字转换成二进制 0、1 组成的字符串（即编码），并传送出去；接收方收到一系列 0、1 组成的字符串后，把它还原成文字，即为译码。

例如，需传送的电文为"ACDACAB"，其间只用到了四个字符，则只需两个字符的串便足以分辨。令"A，B，C，D"的编码分别为 00，01，10，11，则电文的二进制代码串为：00101100100001，总码长 14 位。接收方按两位一组进行分割，便可译码。

但是在传送电文时，总希望总码长尽可能的短。如果对每个字符设计长度不等的编码，且让电文中出现频率较高的字符采用尽可能短的编码，则传送电文的总长便可减少。上例电文中 A 和 C 出现的次数较多，我们可以再设计一套编码方案，即 A，B，C，D 的编码分别为 0，01，1，11，此时电文"ACDACAB"的二进制代码串为：011101001，总码长为 9 位，显然是缩短了。

然而这样的编码传输给对方以后，接收方将无法进行译码。比如代码串中的"01"是代表 B 还是代表 AC 呢？因此，若要设计长度不等的编码，必须是任一个字符的编码都不是另一个字符的编码的前缀，这种编码称为前缀编码。电话号码就是前缀码，例如 110 是报警电话的号码，其他的电话号码就不能以 110 开头了。

利用哈夫曼树，不仅能构造出前缀码，而且还能使电文编码的总长度最短。方法如下：假定电文中共使用了 n 种字符，每种字符在电文中出现的次数为 Wi（i=1~n）。以 Wi 作为哈夫曼树叶子结点的权值，用我们前面所介绍的哈夫曼算法构造出哈夫曼树，然后将每个结点的左分支标上"0"，右分支标上"1"，则从根结点到代表该字符的叶子结点之间，沿途路径上的分支号组成的代码串就是该字符的编码。

例如，在电文"ACDACAB"中，A，B，C，D 四个字符出现的次数分别为 3，1，2，1，我们构造一棵以 A，B，C，D 为叶子结点，且其权值分别为 3，1，2，1 的哈夫曼树，按上述方法对分支进行标号，如图 6-24 所示，则可得到 A，B，C，D 的前缀码分别为 0，110，10，111。

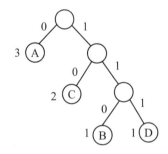

图 6-24　哈夫曼树与哈夫曼编码

此时，电文"ACDACAB"的二进制代码串为：0101110100110。

译码也是根据图 6-24 所示的哈夫曼树实现的。从根结点出发，按代码串中"0"为左子树，"1"为右子树的规则，直到叶子结点。路径扫描到的二进制位串就是叶子结点对应的字符的编码。例如对上述二进制代码串译码：0 为左子树的叶子结点 A，故 0 是 A 的编码；接着 1 为右子树，0 为左子树到叶子结点 C，所以 10 是 C 的编码；接着 1 是右子树，1 继续右子树，

1 再右子树到叶子结点 D，所以 111 是 D 的编码，……，如此继续，即可正确译码。

# 6.7 实训项目六 哈夫曼编码应用

## 【实训】哈夫曼编码

1. 实训说明

普通编码都是定长的，而哈夫曼编码是一种压缩算法的技术，它研究如何根据使用频率得到最优的编码方案，从而在整体上缩短信息的长度。

实现了二叉树的存储结构和基本算法以后，可以借助构造哈夫曼树得到实际问题的最优编码。本实训是有关二叉树的算法应用的实例。

2. 程序分析

本程序主要分为两个部分：首先建立哈夫曼树，然后根据叶子结点所处的位置得到哈夫曼编码。

（1）建立哈夫曼树。

设置一个结构数组 HuffNode 保存哈夫曼树中各结点的信息。根据二叉树的性质可知，具有 n 个叶子结点的哈夫曼树共有 2n-1 个结点，所以数组 HuffNode 的大小设置为 2n-1。HuffNode 结构中有 weight，lchild，rchild 和 parent 域。其中，weight 域保存结点的权值，lchild 和 rchild 分别保存该结点在数组 HuffNode 中的左、右孩子的结点的序号，从而建立起结点之间的关系。为了判定一个结点是否已加入到要建立的哈夫曼树中，可通过 parent 域的值来确定。初始时 parent 的值为-1。当结点加入到树中去时，该结点 parent 的值为其父结点在数组 HuffNode 中的序号，而不会是-1 了。

（2）进行哈夫曼编码。

求叶结点的编码的过程实质上就是在已建立的哈夫曼树中，从叶结点开始，沿结点的双亲链域退回到根结点，每退回一步，就走过了哈夫曼树的一个分支，从而得到一位哈夫曼码值。由于一个字符的哈夫曼编码是从根结点到相应叶结点所经过的路径上各分支所组成的 0、1 序列，因此先得到的分支代码为所求编码的低位码，后得到的分支代码为所求编码的高位码。我们可以设置一个结构数组 HuffCode 用来存放各字符的哈夫曼编码信息，数组元素的结构中有两个域：bit 和 start。其中，域 bit 为一维数组，用来保存字符的哈夫曼编码，start 表示该编码在数组 bit 中的开始位置。所以，对于第 i 个字符，它的哈夫曼编码存放在 HuffCode[i].bit 中的从 HuffCode[i].start 到 n 的 bit 位中。

程序实现过程：先通过 HuffmanTree()函数构造哈夫曼树，然后在主函数 main()中自底向上开始（也就是从数组序号为零的结点开始）向上层层判断，若在父结点左侧，则置码为 0；若在右侧，则置码为 1。最后输出生成的编码。

## 3．程序源代码

```c
#include <stdio.h>

#define MAXBIT        100
#define MAXVALUE   10000
#define MAXLEAF       30
#define MAXNODE     MAXLEAF*2 -1

typedef struct
{
    int bit[MAXBIT];
    int start;
} HCodeType;          /*编码结构体*/
typedef struct
{
    int weight;
    int parent;
    int lchild;
    int rchild;
} HNodeType;          /*结点结构体*/

/*构造一颗哈夫曼树*/
void HuffmanTree (HNodeType HuffNode[MAXNODE],    int n)
{
    /*m1、m2：构造哈夫曼树不同过程中两个最小权值结点的权值，
      x1、x2：构造哈夫曼树不同过程中两个最小权值结点在数组中的序号*/
    int i, j, m1, m2, x1, x2;
    /*初始化存放哈夫曼树数组 HuffNode[]中的结点*/
    for (i=0; i<2*n-1; i++)
    {
        HuffNode[i].weight = 0;
        HuffNode[i].parent =-1;
        HuffNode[i].lchild =-1;
        HuffNode[i].lchild =-1;
    }

    /*输入 n 个叶子结点的权值*/
    for (i=0; i<n; i++)
    {
        printf ("Please input weight of leaf node %d: \n", i);
        scanf ("%d", &HuffNode[i].weight);
    }

    /*循环构造 Huffman 树*/
    for (i=0; i<n-1; i++)
```

```
{
    m1=m2=MAXVALUE;         /*m1、m2 中存放两个无父结点且结点权值最小的两个结点*/
    x1=x2=0;
    /*找出所有结点中权值最小、无父结点的两个结点，并合并之为一颗二叉树*/
    for (j=0; j<n+i; j++)
    {
        if (HuffNode[j].weight < m1 && HuffNode[j].parent==-1)
        {
            m2=m1;
            x2=x1;
            m1=HuffNode[j].weight;
            x1=j;
        }
        else if (HuffNode[j].weight < m2 && HuffNode[j].parent==-1)
        {
            m2=HuffNode[j].weight;
            x2=j;
        }
    }

    /*设置找到的两个子结点 x1、x2 的父结点信息*/
    HuffNode[x1].parent   = n+i;
    HuffNode[x2].parent   = n+i;
    HuffNode[n+i].weight = HuffNode[x1].weight + HuffNode[x2].weight;
    HuffNode[n+i].lchild = x1;
    HuffNode[n+i].rchild = x2;

    printf ("x1.weight and x2.weight in round %d: %d, %d\n", i+1, HuffNode[x1].weight,
            HuffNode[x2].weight);    /*用于测试*/
    printf ("\n");
    }
}

int main(void)
{
    HNodeType HuffNode[MAXNODE];          /*定义一个结点结构体数组*/
    HCodeType HuffCode[MAXLEAF],  cd;     /*定义一个编码结构体数组，同时定义一个临时
                                          变量来存放求解编码时的信息*/

    int i, j, c, p, n;
    printf ("Please input n:\n");
    scanf ("%d", &n);
    HuffmanTree (HuffNode, n);
    for (i=0; i < n; i++)
    {
        cd.start = n-1;
        c = i;
```

```
                p = HuffNode[c].parent;
                while (p != -1)      /*父结点存在*/
                {
                        if (HuffNode[p].lchild == c)
                                cd.bit[cd.start] = 0;
                        else
                                cd.bit[cd.start] = 1;
                        cd.start--;              /*求编码的低一位*/
                        c=p;
                        p=HuffNode[c].parent;        /*设置下一循环条件*/
                }

                /*保存求出的每个叶结点的哈夫曼编码和编码的起始位*/
                for (j=cd.start+1; j<n; j++)
                { HuffCode[i].bit[j] = cd.bit[j];}
                HuffCode[i].start = cd.start;
        }

        /*输出已保存好的所有存在编码的哈夫曼编码*/
        for (i=0; i<n; i++)
        {
                printf ("%d 's Huffman code is: ", i);
                for (j=HuffCode[i].start+1; j < n; j++)
                {
                        printf ("%d", HuffCode[i].bit[j]);
                }
                printf ("\n");
        }
        getch();
        return 0;
}
```

 本章小结

　　树形结构是一类非常重要的非线性结构，具有十分广泛的用途。本章主要介绍了如下一些基本概念，重点讲解了二叉树的概念、性质、存储结构及遍历及其他相关的典型算法。

　　二叉树是度≤2 的有序树，任意一棵树可以利用规则转换成唯一的一棵二叉树。因此，许多有关树的问题都可以转化为二叉树的问题进行研究。二叉树是树型结构的基础内容，而二叉树中的算法又以其某种规则下的遍历算法为基础。

　　二叉排序树、哈夫曼树等都是树形结构的典型应用。

## 习题六

1．给定三个结点，可以构成多少种不同形状的树？多少种不同形状的二叉树？

2．试比较线性和树形两种逻辑结构。

3．试找出分别满足下列条件的所有二叉树：

（1）先序序列和中序序列相同。

（2）中序序列和后序序列相同。

（3）先序序列和后序序列相同。

4．请将图 6-25 所示的树转换成一棵二叉树，并分别按先序、中序、后序三种方式遍历之。

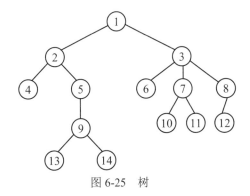

图 6-25　树

5．若一棵二叉树的先序遍历和中序遍历的结果分别为 ABDEHCFGI 和 DBEHAFCIG，试画出该树。

6．写出按层次遍历二叉树的方法，同一层次按自左到右的次序。

7．写出统计一棵二叉树中叶子结点个数的算法。

8．写出计算一棵二叉树深度的算法。

9．一份成绩单如下，将其构造成一棵二叉排序树，并写出其中序遍历的结果。

| 学号 | 1 | 2 | 3 | 4 | 5 | 6 | 7 | 8 | 9 |
| --- | --- | --- | --- | --- | --- | --- | --- | --- | --- |
| 成绩 | 60.5 | 47.0 | 80.3 | 76.0 | 90.6 | 53.2 | 83.3 | 93.0 | 75.5 |

10．给定一组权值：3，3，7，7，11，13，17，试构造一棵哈夫曼树，并计算出带权路径长度。

11．给定字符串：ABCD BD CB DB ACB，请按此信息构造哈夫曼树，求出每一字符的哈夫曼编码。

# 7

# 图

　　图（Graph）是一种较线性表和树更为复杂的非线性结构。在线性结构中，结点之间的关系是线性关系，除开始结点和终端结点外，每个结点只有一个直接前驱和直接后继。在树形结构中，除根结点外，每个结点可以有零个或多个孩子，但只能有一个双亲。然而在图结构中，结点（图中常称为顶点）的之间关联的关系没有限定，即结点之间的关系是任意的，图中任意两个结点之间都可以相邻。

　　图的应用极为广泛，如城市交通图、线路图、网络图等，涉及诸如语言学、逻辑学、物理、化学、电讯工程、计算机科学以及数学等诸多领域。

　　本章不是研究图的理论，而是应用图论的知识，讨论如何在计算机上实现图的存储结构以及相关操作。

## 7.1　基本定义和术语

　　图（graph）是由结点集及结点之间的关系集组成的一种数据结构。图中的结点又称为顶点，结点之间的关系称为边（edge）。一个图 G 记为：

$$G=(V,E)$$

其中，V 是顶点的非空有限集合，E 是边的有限集合。通常，也将图 G 的顶点集和边集分别记为 V(G) 和 E(G)。E(G) 可以是空集，若 E(G) 为空，则图 G 只有顶点而没有边，称为空图。

　　1. 有向图

　　若图 G 中的每条边都是有方向的，则称 G 为有向图（Digraph）。在有向图中，一条有向边是由两个顶点组成的有序对，有序对通常用尖括号表示。例如，$<v_i,v_j>$ 表示一条有向边，$v_i$

是边的始点（起点），$v_j$ 是边的终点。因此，$<v_i,v_j>$ 和 $<v_j,v_i>$ 是两条不同的有向边。有向边也称为弧（Arc），边的始点称为弧尾（Tail），终点称为弧头（Head）。例如，图 7-1 中 $G_1$ 是一个有向图，图中边的方向是用从始点指向终点的箭头表示的，该图顶点集和边集分别为：

$V(G_1)=\{v_1,v_2,v_3\}$

$E(G_1)=\{<v_1,v_2>,<v_2,v_1>,<v_2,v_3>\}$

**2. 无向图**

若图 G 中的每条边都是没有方向的，则称 G 为无向图（Undigraph）。无向图中的边均是顶点的无序对，无序对通常用圆括号表示。因此，无序对 $(v_i,v_j)$ 和 $(v_j,v_i)$ 表示同一条边。例如，图 7-1 中的 $G_2$ 和 $G_3$ 均是无向图，它们的顶点集和边集分别为：

$V(G_2)=\{v_1,v_2,v_3,v_4\}$

$E(G_2)=\{(v_1,v_2),(v_1,v_3),(v_1,v_4),(v_2,v_3),(v_2,v_4),(v_3,v_4)\}$

$V(G_3)=\{v_1,v_2,v_3,v_4,v_5,v_6,v_7\}$

$E(G_3)=\{(v_1,v_2),(v_1,v_3),(v_2,v_4),(v_2,v_5),(v_3,v_6),(v_3,v_7)\}$

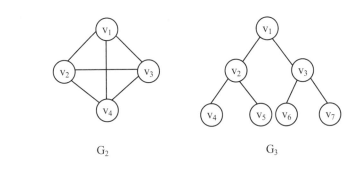

$G_1$          $G_2$          $G_3$

图 7-1　图的示例

边 $(v,v)$ 或 $<v,v>$ 称为环（loops）。无环且无重边的图称为简单图。本书中只讨论简单图。即若 $(v_1,v_2)$ 或 $<v_1,v_2>$ 是 E(G) 中的一条边，则要求 $v_1\neq v_2$，此外，不允许一条边在图中重复出现。

**3. 完全图**

一个有 n 个结点的无向图，其边的最大数目为 n(n-1)/2，边数达到最大数目的无向图称为无向完全图（Undirected Complete Graph）。一个有 n 个结点的有向图，其边的最大数目为 n(n-1)，边数达到最大数目的有向图称为有向完全图（Directed Complete Graph）。

显然，完全图中任意一对顶点间均有边相连。例如图 7-1 中的 $G_2$ 是具有 4 个顶点的无向完全图。

**4. 相邻结点**

若 $(v_i,v_j)$ 是一条无向边，则称顶点 $v_i$ 和 $v_j$ 互为邻接点（Adjacent），或称 $v_i$ 和 $v_j$ 相邻接；称边 $(v_i,v_j)$ 关联（Incident）于顶点 $v_i$ 和 $v_j$，或称 $(v_i,v_j)$ 与顶点 $v_i$ 和 $v_j$ 相关联。如图 7-1 中 $G_2$，与顶点 $v_1$ 相邻接的顶点是 $v_2$、$v_3$ 和 $v_4$，而关联于顶点 $v_2$ 的边是 $(v_1,v_2)$、$(v_2,v_3)$ 和 $(v_2,v_4)$。

若<$v_i$,$v_j$>是一条有向边，则称顶点 $v_i$ 邻接到 $v_j$，顶点 $v_j$ 邻接于顶点 $v_i$，并称为<$v_i$,$v_j$>关联于 $v_i$ 和 $v_j$ 或称<$v_i$,$v_j$>与顶点 $v_i$ 和 $v_j$ 相关联。如图 7-1 中 $G_1$，关联于顶点 $v_2$ 的边是<$v_1$,$v_2$>、<$v_2$,$v_1$>和<$v_2$,$v_3$>。

### 5. 结点的度

对于无向图，顶点 v 的度（Degree）是关联于该顶点的边的数目，记为 $D(v)$。

对于有向图，则把以顶点 v 为终点的边的数目，称为 v 的入度（Indegree），记为 $ID(v)$；把以顶点 v 为始点的边的数目，称为 v 的出度（outdegree），记为 $OD(v)$；顶点 v 的度则定义为该顶点的入度和出度之和，即 $D(v)=ID(v)+OD(v)$。

例如，图 7-1 的图 $G_2$ 中顶点 $v_1$ 的度为 3，图 $G_1$ 中顶点 $v_2$ 的入度为 1，出度为 2，度为 3。

无论是有向图还是无向图，顶点数 n、边数 e 和度数之间有如下关系：

$$e = \sum_{i=1}^{n} D(v_i)/2$$

对于有向图，各顶点的入度之和与出度之和之间还有如下关系：

$$\sum_{i=1}^{n} ID(v_i) = \sum_{i=1}^{n} OD(v_i) = e$$

### 6. 子图

设 G=(V,E)是一个图，若 v′是 v 的子集，E′是 E 的子集，且 E′中的边所关联的顶点均在 v′中，则 G′=(V′,E′)也是一个图，并称其为 G 的子图（Subgraph）。例如图 7-2 给出了有向图 $G_1$ 的若干子图，图 7-3 给出了无向图 $G_2$ 的若干个子图。

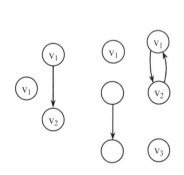

图 7-2　有向图 $G_1$ 的若干子图

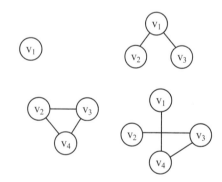

图 7-3　无向图 $G_2$ 的若干个子图

设 V′=($v_1$,$v_2$,$v_3$)，E′={($v_1$,$v_2$),($v_2$,$v_4$)}，显然，$V′ \subseteq V(G_2)$，$E′ \subseteq E(G_2)$，但因为 E′中偶对($v_2$,$v_4$)所关联的顶点 $v_4$ 不在 V′中，所以(V′,E′)不是图，也就不可能是 $G_2$ 的子图。

### 7. 路径、路径长度及回路

在无向图 G 中，若存在一个顶点序列 $v_p$, $v_{i1}$, $v_{i2}$..., $v_{in}$, $v_q$, 使得($v_p$,$v_{i1}$)，($v_{i1}$,$v_{i2}$)，…，($v_{in}$,$v_q$)均属于 E(G)，则称顶点 $v_p$ 到 $v_q$ 存在一条路径（Path）。若 G 是有向图，则路径也是有

向的，它由 E(G)中的有向边<$v_p,v_{il}$>，<$v_{il},v_{i2}$>，…，<$v_{in},v_q$>组成。路径长度定义为该路径上边的数目。若一条路径上除了起点和终点可以相同外，其余顶点均不相同，则称此路径为一条简单路径。起点和终点相同($v_p=v_q$)的简单路径称为简单回路或简单环（Cycle）。

例如，在图 7-3 的图 $G_2$ 中顶点序列 $v_1,v_2,v_3,v_4$ 是一条从顶点 $v_1$ 到顶点 $v_4$ 的长度为 3 的简单路径；顶点序列 $v_1,v_2,v_4,v_1,v_3$ 是一条从顶点 $v_1$ 到顶点 $v_3$ 的长度为 4 的路径，但不是简单路径；顶点序列 $v_1,v_2,v_4,v_1$ 是一个长度为 3 的简单环。在图 7-3 的有向图 $G_1$ 中，顶点序列 $v_1,v_2,v_1$ 是一个长度为 2 的有向简单环。

8. 有根图和图的根

在一个有向图中，若存在一个顶点 v，从该顶点有路径可以到达图中其他所有顶点，则称此有向图为有根图，v 称作图的根。

9. 连通图

在无向图 G 中，若从顶点 $v_i$ 到顶点 $v_j$ 有路径（当然从 $v_j$ 到 $v_i$ 也一定有路径），则称 $v_i$ 和 $v_j$ 是连通的。若 V(G)中任意两个不同的顶点 $v_i$ 和 $v_j$ 都连通（即有路径），则称 G 为连通图（Connected Graph）。例如，图 $G_2$ 和 $G_3$ 是连通图。

无向图 G 的极大连通子图称为 G 的连通分量（Connected Component）。显然，任何连通图的连通分量只有一个，即是其自身，而非连通的无向图有多个连通分量。例如，图 7-4 中的 $G_4$ 是非连通图，它有两个连通分量 $H_1$ 和 $H_2$。

10. 强连通图

在有向图 G 中，若对于 V(G)中任意两个不同的顶点 $v_i$ 和 $v_j$，都存在从 $v_i$ 到 $v_j$ 以及从 $v_j$ 到 $v_i$ 的路径，则称 G 是强连通图。有向图 G 的极大强连通子图称为 G 的强连通分量。显然，强连通图只有一个强连通分量，即是其自身。非强连通的有向图有多个强连通分量。例如图 7-1 中的 $G_1$ 不是强连通图，因为 $v_3$ 到 $v_2$ 没有路径，但它有两个强连通分量，如图 7-5 所示。

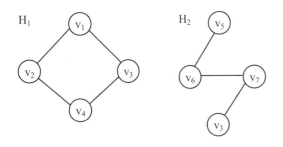

图 7-4　具有两个连通分量的非连通图 $G_4$　　　图 7-5　$G_1$ 的两个强连通分量

11. 网络

若将图的每条边都赋上一个权，则称这种带权图为网络（Network）。通常权是具有某种意义的数，比如，它们可以表示两个顶点之间的距离、费用等。图 7-6 就是一个网络例子。

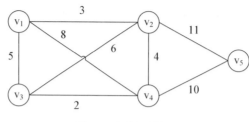

图 7-6　网络示例

# 7.2　图的存储结构

如何存储图？图是由顶点和边组成的，存储图即需要考虑如何存储顶点、如何存储边。

与线性表和二叉树一样，图常用的存储结构也有顺序存储结构和链式存储结构两种。图的顺序存储结构为邻接矩阵，图的链式存储结构为邻接表。

## 7.2.1　邻接矩阵

基本思想：用一个一维数组存储图中顶点的信息，用一个二维数组（称为邻接矩阵）存储图中各顶点之间的邻接关系。

图的邻接矩阵（Adjacency Matrix）是表示顶点之间相邻关系的矩阵。设 G=(V,E) 是具有 n 个顶点的图，则 G 的邻接矩阵 A 是具有如下性质的 n 阶方阵：

$$a_{i,j} = \begin{cases} 1, & 若（v_i,v_j）\in E 或 <v_i,v_j>\in E \\ 0, & 若（v_i,v_j）\notin E 或 <v_i,v_j>\notin E \end{cases}$$

例如，图 7-7 中的无向图 $G_5$ 和有向图 $G_6$ 的邻接矩阵分别为 $A_1$ 和 $A_2$。

$$A_1 = \begin{bmatrix} 0 & 1 & 1 & 1 \\ 1 & 0 & 1 & 1 \\ 1 & 1 & 0 & 0 \\ 1 & 1 & 0 & 0 \end{bmatrix} \qquad A_2 = \begin{bmatrix} 0 & 1 & 0 & 0 & 0 \\ 1 & 0 & 0 & 0 & 1 \\ 0 & 1 & 0 & 1 & 0 \\ 1 & 0 & 0 & 0 & 0 \\ 0 & 0 & 0 & 1 & 0 \end{bmatrix}$$

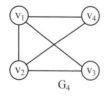 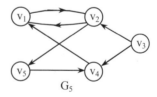

图 7-7　无向图 $G_5$ 和有向图 $G_6$

若 G 是网络，则邻接矩阵 A 可定义为：

$$a_{i,j} = \begin{cases} w_{ij} & \text{若 } (v_i, v_j) \in E \text{ 或 } <v_i, v_j> \in E \\ 0\text{或}\infty & \text{若 } (v_i, v_j) \notin E \text{ 或 } <v_i, v_j> \notin E \end{cases}$$

其中，$w_{ij}$ 表示边上的权值；$\infty$ 表示一个计算机允许的、大于所有边上权值的数。例如，图 7-3 中的带权图的两种邻接矩阵分别表示为 $A_3$ 和 $A_4$。

$$A_3 = \begin{bmatrix} 0 & 3 & 5 & 8 & 0 \\ 3 & 0 & 6 & 4 & 11 \\ 5 & 6 & 0 & 2 & 0 \\ 8 & 4 & 2 & 0 & 10 \\ 0 & 11 & 0 & 10 & 0 \end{bmatrix} \qquad A_4 = \begin{bmatrix} \infty & 3 & 5 & 8 & \infty \\ 3 & \infty & 6 & 4 & 11 \\ 5 & 6 & \infty & 2 & \infty \\ 8 & 4 & 2 & \infty & 10 \\ \infty & 11 & \infty & 10 & \infty \end{bmatrix}$$

用邻接矩阵表示法表示图，除了存储用于表示顶点间相邻关系的邻接矩阵外，通常还需要用一个顺序表来存储顶点信息。其形式说明如下：

```
# define n 6              /*图的顶点数*/
# define e 8              /*图的边（弧）数*/
typedef char vextype;     /*顶点的数据类型*/
typedef float adjtype;    /*权值类型*/
typedef struct
{    vextype vexs[n];
     adjtype arcs[n][n];
} graph;
```

若图两顶点相邻，则仅需令相应的 arcs[i][j] 为 1，存储一个邻接矩阵就可以表示图。若是网络，则 adjtype 为权的类型。由于无向图或无向网络的邻接矩阵是对称的，故可采用压缩存储的方法，仅存储下三角阵（不包括对角线上的元素）中的元素即可。显然，邻接矩阵表示法的空间复杂度 $S(n)=O(n^2)$。

下面给出建立一个无向网络的算法。

```
CREATGRAPH(ga)                          /*建立无向网络*/
Graph * ga;
{
    int i,j,k;
    float w;
    for(i=0;i<n;i++ )
        ga ->vexs[i]=getchar();         /*读入顶点信息，建立顶点表*/
    for(i=0;i<n;i++ )
        for(j=0;j<n;j++)
            ga ->arcs[i][j]=0;          /*邻接矩阵初始化*/
    for(k=0;k<e;k++)                    /*读入 e 条边*/
    {  (scanf("%d%d%f",&I,&j,&w);       /*读入边(vi,vj)上的权 w*/
        ga ->arcs[i][j]=w;
        ga - >arcs[j][i]=w;
    }
}                                       /*CREATGRAPH*/
```

该算法的执行时间是 $O(n+n^2+e)$，其中 $O(n^2)$ 的时间耗费在邻接矩阵的初始化操作上。因为 $e<n^2$，所以，算法的时间复杂度是 $O(n^2)$。

### 7.2.2 邻接表

用邻接矩阵表示图，占用的存储单元个数只与图中结点个数有关，而与边的个数无关。一个有 n 个结点的图需要 $n^2$ 个存储单元，容易造成空间上的浪费。图还可以用邻接表来存储，这种表示法类似于二叉树的二叉链表示法。

邻接表（Adjacency List）的基本思想：对于图的每个顶点 $v_i$，将所有邻接于 $v_i$ 的顶点链成一个单链表，称为顶点 $v_i$ 的边表（对于有向图则称为出边表或入边表），所有边表的头指针，即存储顶点信息的一维数组构成了顶点表。即邻接表包括两部分：顶点表和边表。

顶点表以顺序存储结构保存图中的所有顶点。数组中的每个元素对应于一个顶点，它有两个成员：vertex 和 link。vertex 用来存放顶点 $v_i$ 的信息；link 指向该顶点的边表。

边表以链式存储结构保存与一个顶点相关联的若干条边。图中每个顶点 $v_i$ 都有一个边表，边表中的每个结点对应于与该顶点相关联的一条边，它有两个成员：adjvex 和 next。adjvex 用以存放与 $v_i$ 相邻接的顶点 $v_j$ 的序号；next 指向与 $v_i$ 相邻的另一个顶点的信息。即与 $v_i$ 相邻的所有顶点信息都保存在它的边表链中。

#### 1. 无向图的邻接表

对于无向图而言，$v_i$ 的邻接表中每个边表结点都对应于与 $v_i$ 相关联的一条边。例如，对于图 7-7 中的无向图 $G_5$，其邻接表表示如图 7-8 所示，其中顶点 $v_1$ 的边表上三个结点的顶点序号分别为 2、3 和 4，它们分别表示关联于 $v_1$ 的三条边 $(v_1,v_2)$、$(v_1,v_3)$ 和 $(v_1,v_4)$。

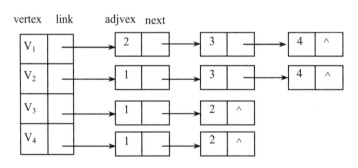

图 7-8　无向图 $G_5$ 的邻接表表示

#### 2. 有向图的邻接表

对于有向图来说，根据边的方向，边表可分为两种：出边表和入边表。出边表是指以顶点 $v_i$ 为起点的边组成的边表。入边表是指以顶点 $v_i$ 为终点的边组成的边表。如果只保留入边表和出边表之一，则需要占用 n+m 个结点存储单元。其中 n 为顶点个数，m 为有向边的数目。

有向图 $G_6$ 的出边表表示如图 7-9（a）所示，其中顶点 $v_2$ 的邻接表上两个表结点中的顶点序号分别为 1 和 5，它们分别表示从 $v_2$ 引出的两条边$<v_2,v_1>$和$<v_2,v_5>$。

有向图 $G_6$ 的入边表表示如图 7-9（b）所示，其中 $v_1$ 的入边表上两个表结点 2 和 4 分别表示引入 $v_1$ 的两条边$<v_2,v_1>$和$<v_4,v_1>$。

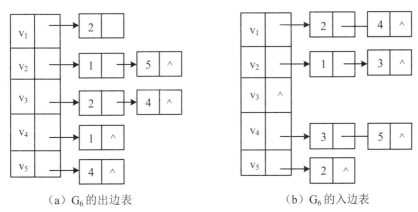

（a）$G_6$ 的出边表　　　　　　　　　（b）$G_6$ 的入边表

图 7-9　有向图 $G_6$ 的邻接表表示

下面我们给出无向图邻接表的建立算法：

```
typedef struct node
{    int adjvex;                          /*邻接点域*/
     struct node * next;                  /*链域*/
}edgenode;                                /*边表结点*/
typedef struct
{    vextype vertex;                      /*顶点信息*/
     edgenode link;                       /*边表头指针*/
}vexnode;                                 /*顶点表结点*/
vexnode ga[n];

CREATADJLIST(ga)                          /*建立无向图的邻接表*/
vexnode ga[ ];
{    int i,j,k;
     edgenode * s;
     for(i=0;i<n;i++)                     /*读入顶点信息*/
     {
         (ga[i].vertex=getchar();
         ga[i].link=NULL;                 /*边表头指针初始化*/
     }
     for(k=0;k<e;k++)                     /*建立边表*/
     {    scanf("%d%d",&i,&j);            /*读入边(vi, vj)的顶点对序号*/
          s=malloc(sizeof(edgenode));     /*生成邻接点序号为 j 的表结点*s */
```

```
        s-> adjvex=j;
        s- - >next:=ga[i].link;
        ga[i].link=s;                  /*将*s 插入顶点 vi 的边表头部*/
        s=malloc(size0f(edgende));     /*生成邻接点序号为 i 的边表结点*s*/
        s ->adjvex=i;
        s ->next=ga[j].link;
        ga[j].link=s;                  /*将*s 插入顶点 vj 的边表头部*/
    }
}                                  /*CREATADJLIST*/
```

显然该算法的时间复杂度是 O(n+e)。建立有向图的邻接表与此类似。

以建立有向图的出边表为例，每读入一个顶点对序号<i,j>时，需要生成一个邻接点序号为 j 的边表结点，将其插入到 vi 的出边表。若建立网络的邻接表，则需要在边表的每个结点中增加一个存储边上权的数据域。

值得注意的是，一个图的邻接矩阵表示是唯一的，但其邻接表表示不唯一，这是因为邻接表表示中，各边表结点的链接次序取决于建立邻接表的算法以及边的输入次序。

邻接矩阵和邻接表是图的两种最常用的存储结构，它们各有所长。下面从空间及执行某些常用操作的时间这两方面来作一比较，如表 7-1 所示。

表 7-1    邻接矩阵与邻接表的性能比较

|  | 空间性能 | 时间性能 | 适用范围 | 唯一性 |
| --- | --- | --- | --- | --- |
| 邻接矩阵 | $O(n^2)$ | $O(n^2)$ | 稠密图 | 唯一 |
| 邻接表 | $O(n+e)$ | $O(n+e)$ | 稀疏图 | 不唯一 |

在邻接表表示中，每个边表对应邻接矩阵的一行，边表中结点个数等于一行中非零元素的个数。对于一个具有 n 个顶点 e 条边的图 G，若 G 是无向图，则它的邻接表表示中有 n 个顶点表结点和 2e 个边表结点；若 G 是有向图，则它的邻接表表示或逆邻接表表示中均有 n 个顶点表结点和 e 个边表结点。因此邻接表表示的空间复杂度为 S(n,e)=O(n+e)。若图中边的数目远远小于 $n^2$（即 $e<<n^2$），此类图称作稀疏图（Sparse Graph），这时用邻接表表示比用邻接矩阵表示节省存储空间；若 e 接近于 $n^2$（准确地说，无向图 e 接近于 n(n-1)/2，有向图 e 接近于 n(n-1)），此类图称作稠密图（Dense Graph），考虑到邻接表中要附加链域，则应取邻接矩阵表示法为宜。

在无向图中求顶点的度，邻接矩阵及邻接表两种存储结构都很容易做到：邻接矩阵中第 i 行（或第 i 列）上非零元素的个数即为顶点 vi 的度。在邻接表表示中，顶点 vi 的度则是第 i 个边表中的结点个数。在有向图中求顶点的度，采用邻接矩阵表示比邻接表表示更方便：邻接矩阵中的第 i 行上非零元素的个数是顶点 vi 的出度 OD(vi)，第 i 列上非零元素的个数是顶点 vi 的入度 ID(vi)，顶点 vi 的度即是二者之和；在邻接表表示中，第 i 个边表（即出边表）上的结点个数是顶点 vi 的出度，求 vi 的入度较困难，需要遍历各顶点的边表。若有向图的边表采用入边表表示，则恰好相反，求顶点的入度容易，而求顶点出度较难。

在邻接矩阵表示中，很容易判定 $(v_i,v_j)$ 或 $<v_i,v_j>$ 是否是图的一条边，只要判定矩阵中的第 i 行第 j 列上的那个元素是否为零即可；但是在邻接表表示中，需扫描第 i 个边表，最坏情况下要耗费 $O(n)$ 时间。

在邻接矩阵中求边的数目 e，必须检测整个矩阵，所耗费的时间是 $O(n^2)$，与 e 的大小无关；而在邻接表表示中，只要对每个边表的结点个数计数即可求得 e，所耗费的时间是 $O(e+n)$。因此，当 $e<<n^2$ 时，采用邻接表表示更节省时间。

# 7.3　图的遍历

图的遍历是在从图中某一顶点出发，对图中所有顶点访问一次且仅访问一次。

图的遍历操作要解决的关键问题是：

（1）因图中可能存在回路，某些顶点可能会被重复访问，如何避免遍历不会因回路而陷入死循环？

解决方案：为了避免重复访问同一个顶点，必须记住每个顶点是否被访问过。因此需要附设访问标志数组 visited[n] ，它的初值为 false，一旦访问了顶点 $v_i$，便将 visited[i-1] 置为 true。

（2）在图中，一个顶点可以和其他多个顶点相连，当这样的顶点访问过后，如何选取下一个要访问的顶点？

解决方案：规定相应的搜索顺序。常用的有深度优先遍历和广度优先遍历。

## 7.3.1　深度优先遍历

深度优先遍历（Depth-First-Search）类似于树的先序遍历，它的基本思想是：

（1）访问出发点 $v_i$，并将其标记为已访问过；

（2）从 $v_i$ 出发，搜索 $v_i$ 的每一个邻接点 $v_j$，若 $v_j$ 未曾访问过，则以 $v_j$ 为新的出发点继续进行深度优先遍历；

（3）重复上述两步，直至图中所有和 $v_i$ 有路径相通的顶点都被访问到。

显然上述遍历是递归定义的，它的特点是尽可能先对纵深方向进行搜索，故称之为深度优先遍历。例如，设 x 是刚访问过的顶点，按深度优先遍历方法，下一步将选择一条从 x 出发的未检测过的边(x,y)。若发现顶点 y 已被访问过，则重新选择另一条从 x 出发的未检测过的边。若发现顶点 y 未曾访问过，则沿此边从 x 到达 y，访问 y 并将其标记为已访问过，然后从 y 开始遍历，直到遍历完从 y 出发的所有路径，才回溯到顶点 x，然后再选择一条从 x 出发的未检测过的边。上述过程直至从 x 出发的所有边都已检测过为止。此时，若 x 不是初始出发点，则回溯到在 x 之前被访问过的顶点；若 x 是初始出发点，则整个遍历过程结束。显然这时图 G 中所有和初始出发点有路径相通的顶点都已被访问过。因此若 G 是连通图，则从初始出发点开始的遍历过程结束，也就意味着完成了对图 G 的遍历。

对于用递归方式定义的深度优先遍历，很容易写出其递归算法。下面分别以邻接矩阵和邻接表作为图的存储结构给出具体算法，算法中 g、g1 和 visited 为全程量，visited 的各分量初始值均为 FALSE。

```
int visited[n]                   /*定义布尔向量 visitd 为全程量*/
Graph g;                         /*图 g 为全程量*/

DFS(i)                           /*从 v_{i+1} 出发深度优先遍历图 g，g 用邻接矩阵表示*/
int i;
{  int j;
   printf("node：%c \ n" , g.vexs[i]);        /*访问出发点 v_{i+1}*/
   visited[i]=TRUE;              /*标记 v_{i+1} 已访问过*/
   for (j=0;j<n;j++)             /*依次遍历 v_{i+1} 的邻接点*/
     if((g.arcs[i][j]==1)&&(! visited[j]))
         DFS(j);                 /*若 v_{i+1} 的邻接点 v_{j+1} 未曾访问过，则从 v_{j+1} 出发进行深度优先遍历*/
}                                /*用邻接矩阵实现深度优先遍历 DFS*/


vexnode gl[n]                    /*邻接表全程量*/

DFSL(i)                          /*从 v_{i+1} 出发深度优先遍历图 g1，g1 用邻接表表示*/
int i;
{ int j;
   edgenode * p;
   printf("node：%C\n" ,g1[i].vertex);
   vistited[i]=TRUE;
   p=g1[i].1ink;                 /*取 v_{i+1} 的边表头指针*/
   while(p !=NULL)               /*依次遍历 v_{i+1} 的邻接点*/
   {
      if(! Vistited[p ->adjvex])
         DFSL(p -> adjvex);      /*从 v_{i+1} 的未曾访问过的邻接点出发进行深度优先遍历*/
      p=p -> next;               /*找 v_{i+1} 的下一个邻接点*/
   }
}                                /*用邻接表实现深度优先遍历  DFSL*/
```

对图进行深度优先遍历时，按访问顶点的先后次序所得到的顶点序列，称为该图的深度优先遍历序列，简称 DFS 序列。一个图的 DFS 序列不一定唯一，它与算法、图的存储结构以及初始出发点有关。在 DFS 算法中，当从 $v_i$ 出发遍历时，是在邻接矩阵的第 i 行中从左至右选择下一个未曾访问过的邻接点作为新的出发点，若这种邻接点多于一个，则选中的是序号较小的那一个。因为图的邻接矩阵表示是唯一的，故对于指定的初始出发点，由 DFS 算法所得的 DFS 序列是唯一的。例如，对图 7-10（a）所示的连通图 $G_7$，其邻接矩阵见图 7-10（b）。

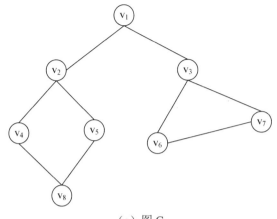

（a）图 $G_7$

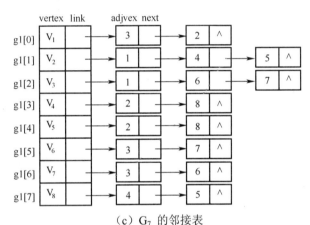

（b）$G_7$ 的邻接矩阵

（c）$G_7$ 的邻接表

图 7-10　无向图 $G_7$ 及其邻接表

　　在该存储结构上执行 DFS 算法的过程如下：设初始出发点是 $v_1$，则 DFS(0)的执行结果是访问 $v_1$，将其置上已访问标记，从 $v_1$ 搜索到的第 1 个邻接点是 $v_2$，因 $v_2$ 未曾访问过，故调用 DFS(1)。执行 DFS(1)，首先访问 $v_2$，将其标记为已访问过，然后从 $v_2$ 搜索到的第 1 个邻接点是 $v_1$，但 $v_1$ 已访问过，故继续搜索到第 2 个邻接点 $v_4$，$v_4$ 未曾访问过，因此调用 DFS(3)。类似地分析，访问 $v_4$ 后调用 DFS(7)，访问 $v_8$ 后调用 DFS(4)。执行 DFS(4)时，在访问 $v_5$ 并作标记后，从 $v_5$ 搜索到的两个邻接点依次是 $v_2$ 和 $v_8$，因为它们均已被访问过，所以 DFS(4)执行结束返回，回溯到 $v_8$。又因为 $v_8$ 的两个邻接点已搜索过，故 DFS(7)亦结束返回，回溯到 $v_4$。类似地由 $v_4$ 回溯到 $v_2$。$v_2$ 的邻接点 $v_1$ 和 $v_4$ 已搜索过，但 $v_2$ 的第 3 个邻接点 $v_5$ 还尚未搜索，故接下来由 $v_2$ 搜索到 $v_5$，但因为 $v_5$ 已访问过，所以 DFS(1)也结束返回，回溯到 $v_1$。$v_1$ 的第 1 个邻接点已搜索过，故继续从 $v_1$ 搜索到第 2 个邻接点 $v_3$，因为 $v_3$ 未曾访问过，故调用 DFS(2)。类似地依次访问 $v_3$、$v_6$、$v_7$ 后，又由 $v_7$ 依次回溯到 $v_6$、$v_3$、$v_1$。此时，$v_1$ 的所有邻接点都已搜索过，故 DFS(0)执行完毕。

图 7-11 给出了 DFS(0)的执行过程，图中的包络线是执行该算法的搜索路线，搜索路径第一次经过某顶点 $v_i$ 时表示调用 DFS(i-1)，以后各次经过 $v_i$ 时表示回溯到 $v_i$。图中两顶点之间的连线表示搜索时所经过的边。沿搜索路线将途中所有第一次经过的顶点列表即得图的 DFS 序列，例如图 7-11 对应的 DFS 序列是：$v_1$，$v_2$，$v_4$，$v_8$，$v_5$，$v_3$，$v_6$，$v_7$。

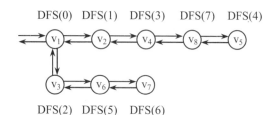

图 7-11    对图进行深度优先遍历时的 DFS（0）

因为图的邻接表表示不唯一，故对于指定的初始出发点，由算法 DFSL 所得到的 DFS 序列也不唯一，它取决于邻接表表示中边表结点的链接次序。例如，图 7-10（c）是图 $G_7$ 的邻接表表示的一种情况。它的 DFSL 算法所对应的 DFS 序列是：$v_1$，$v_3$，$v_6$，$v_7$，$v_2$，$v_4$，$v_8$，$v_5$。

对于具有 n 个顶点 e 条边的连通图，算法 DFS 和 DFSL 均递归调用 n 次。在每次递归调用时，除访问顶点及作标记外，主要时间耗费在从该顶点出发搜索它的所有邻接点。用邻接矩阵表示图时，搜索一个顶点的所有邻接点需要花费 O(n)时间来检查矩阵相应行中所有的 n 个元素，故从 n 个顶点出发搜索所需的时间是 $O(n^2)$，即 DFS 算法的时间复杂度是 $O(n^2)$。用邻接表表示图时，搜索 n 个顶点的所有邻接点即是对各边表结点扫描一遍，故算法 DFSL 的时间复杂度为 O(n+e)。算法 DFS 和 DFSL 所用的辅助空间是标志数组和实现递归所用的栈，故它们的空间复杂度为 O(n)。

### 7.3.2    广度优先遍历

广度优先遍历（Breadth-First-Search）类似于树的按层次遍历，它的基本思想是：

（1）访问出发点 $v_i$，并将其标记为已访问过；

（2）依次访问 $v_i$ 的各个未被访问的邻接点 $w_1$，$w_2$，...，$w_t$；

（3）分别从 $w_1$，$w_2$，...，$w_t$ 出发，访问与之邻接的所有未曾访问过的顶点，依此类推，直至图中所有和初始出发点 $v_i$ 有路径相通的顶点都已访问到为止。此时，从 $v_i$ 开始的搜索过程结束，若 G 是连通图则遍历完成。

显然，上述遍历方法的特点是尽可能先对横向进行搜索，故称之为广度优先遍历。

例如，设 x 和 y 是两个相继被访问过的顶点，若当前是以 x 为出发点进行搜索，则在访问 x 的所有未曾访问过的邻接点之后，紧接着是以 y 为出发点进行横向搜索，并对搜索到的 y 的邻接点中尚未被访问的顶点进行访问。也就是说，先访问的顶点的邻接点亦先被访问。为此，需引进队列保存已访问过的顶点。

下面分别以邻接矩阵和邻接表作为图的存储结构，给出广度优先遍历算法。

```
BFS(k)          /*从 v_{k+1} 出发广度优先遍历图 g，g 用邻接矩阵表示，visited 为访问标志向量*/
int k;
{ int i,j;
    SETNULL(Q);                      /*置空队 Q*/
    printf("%c\n",g.vexs[k]);        /*访问出发点 v_{k+1}*/
    visited[k]=TRUE;                 /*标记 v_{k+1} 已访问过*/
    ENQUEUE(Q,K);                    /*已访问过的顶点(序号)入队列*/
    While(!EMPTY(Q))                 /*队非空时执行*/
    {i=DEQUEUE(Q);                   /*队头元素序号出队列*/
        for(j=0;j<n;j++)
            if((g.arcs[i][j]==1)&&(! visited[j]))
                {printf("%c\n" , g.vexs[j]);   /*访问 v_{i+1} 的未曾访问的邻接点 v_{j+1}*/
                 visited[j]=TRUE;
                 ENQUEUE(Q,j);       /*访问过的顶点入队*/
        }
    }
}                                    /*用邻接矩阵实现广度优先遍历 BFS*/
BFSL(k)                              /*从 v_{k+1} 出发广度优先遍历图 g1，g1 用邻接表表示*/
int k;
{ int i;
    edgenode * p;
    SETNULL(Q);
    printf("%c\n" , g1[k].vertex);
    visited[k]=TRUE;
    ENQUEUE(Q,k);
    while(! EMPTY(Q));
    { i=DEQUEUE(Q);
        p=g1[i].1ink                 /*取 v_{i+1} 的边表头指针*/
        while(p !=NULL)              /*依次搜索 v_{i+1} 的邻接点*/
        { if( ! visited[p ->adjvex])  /*访问 v_{i+1} 的未访问的邻接点*/
            { printf{"%c\n" , g1[p ->adjvex].vertex};
              visited[p ->adjvex]=TRUE;
              ENQUEUE(Q,p ->adjvex);  /*访问过的顶点入队*/
            }
            p=p ->next;              /*找 v_{i+1} 的下一个邻接点*/
        }
    }
}                                    /*用邻接表实现广度优先遍历 BFSL*/
```

　　和定义图的 DFS 序列类似，可将广度优先遍历图所得的顶点序列定义为图的广度优先遍历序列，简称 BFS 序列。一个图的 BFS 序列也不是唯一的，它与算法、图的存储结构及初始出发点有关。例如，对于图 7-10 所示的无向图 $G_7$，若采用的存储结构是图 7-10（b）的邻接矩阵，则 BFS（0）的执行过程是首先访问出发点 $v_1$，并将顶点 $v_1$ 的序号 0 入队，第一个出队的元素序号是 0，从 $v_1$ 出发搜索到两个邻接点依次是 $v_2$ 和 $v_3$，对它们进行访问并将其序号入队；第二个出队的元素序号是 1，从 $v_2$ 出发搜索到的邻接点依次是 $v_1,v_4$ 和 $v_5$，对其中未曾访问过的顶点 $v_4$ 和 $v_5$ 进行访问并将其序号入队；第三个出队的元素序号是 2，访问 $v_3$ 的邻接点 $v_6$ 和 $v_7$ 并将序号 5 和 6 入队；第四个出队的元素序号是 3，访问 $v_4$ 的邻接点 $v_8$ 并将 7 入队；以后依次出队的元素是 $v_5$、$v_6$、$v_7$ 和 $v_8$ 的序号，因为从这些顶点出发搜索到的邻接点均已访问过，故没有元素入队了，因此，当 7 出队后队列为空，搜索过程结束。由此得到的 BFS 序列是：$v_1$，$v_2$，$v_3$，$v_4$，$v_5$，$v_6$，$v_7$，$v_8$。

若图的存储结构如图 7-10（c）所示，则由 BFSL(0)得到的 BFS 序列是：$v_1$，$v_3$，$v_2$，$v_6$，$v_7$，$v_4$，$v_5$，$v_8$。

对于具有 n 个顶点和 e 条边的连通图，因为每个顶点均入队一次，所以算法 BFS 和 BFSL 外循环次数为 n。算法 BFS 的内循环是 n 次，故算法 BFS 的时间复杂度为 $O(n^2)$。算法 BFSL 的内循环次数取决于各顶点的边表结点个数，内循环执行的总次数是边表结点的总个数 2e，故算法 BFSL 的时间复杂度是 O(n+e)。算法 BFS 和 BFSL 所用的辅助空间是队列和标志数组，故它们的空间复杂度为 O(n)。

图的遍历算法可以应用在判断图的连通性上。例如，要想判定一个无向图是否为连通图，或有几个连通分量，通过对无向图遍历即可得到结果。若从图中任一顶点出发，进行遍历（深度优先或广度优先遍历），便可访问到图中所有顶点，则该图是一个连通图。若需要从多个顶点出发进行遍历，才能访问到图中的所有顶点，则该图是一个非连通图，并且每一次从一个新的起始点出发进行遍历的过程中得到的顶点序列构成其各个连通分量中的顶点集。读者可以自己写出关于有向图强连通性的判断。

# 7.4　最小生成树

在图论中，常常将树定义为一个无回路连通图。例如，图 7-12 中的两个图就是无回路的连通图。乍一看它们似乎不是树，但只要选定某个顶点做根，以树根为起点对每条边定向，就能将它们变为通常的树。

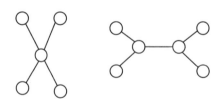

图 7-12　两个无回路的连通图

如果图 T 是连通图 G 的一个子图，且 T 是一棵包含 G 的所有顶点的树，则图 T 称为 G 的生成树（Spanning Tree）。图 G 的生成树 T 包含 G 中的所有结点和尽可能少的边。对于有 n 个顶点的连通图 G，它的生成树 T 必然包含 n 个结点和 n-1 条边。

由于 n 个顶点的连通图至少有 n-1 条边，而所包含 n-1 条边及 n 个顶点的连通图都是无回路的树，所以生成树是连通图的极小连通子图。所谓极小是指边数最少，若在生成树中去掉任何一条边，都会使之变为非连通图，若在生成树上任意添加一条边，就必定出现回路。

对给定的连通图，如何求得其生成树呢？

设图 G=(V,E)是一个连通的无向图，则从 G 的任一顶点出发，进行一次遍历所经过的边的集合为 TE，则 T=(V,TE)是 G 的一个连通子图，即得到 G 的一棵生成树。

由深度优先遍历得到的生成树称为深度优先生成树，简称为 DFS 生成树；由广度优先遍历得到的生成树称为广度优先生成树，简称为 BFS 生成树。例如，从图 $G_7$ 的顶点 $v_1$ 出发所得的 DFS 生成树和 BFS 生成树，如图 7-13 所示。

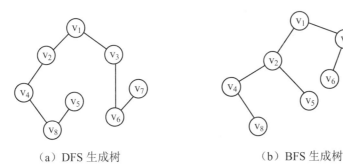

（a）DFS 生成树　　　　　　　　（b）BFS 生成树

图 7-13　图 $G_7$ 的 DFS 和 BFS 生成树

上面给出的生成树定义是从连通图的观点出发、针对无向图而言的。由于从图的遍历可求得生成树，因此我们也可以将生成树定义为：若从图的某顶点出发，可以系统地访问到图中所有顶点，则遍历时经过的边和图的所有顶点所构成的子图，称作该图的生成树。此定义不仅仅适用于无向图，对有向图同样适用。

显然，若 G 是强连通的有向图，则从其中任一顶点 v 出发，都可以访问图 G 中的所有顶点，从而得到以 v 为根的生成树。若 G 是有根的有向图，设根为 v，则从根 v 出发也可以完成对 G 的遍历，因而也能得到 G 的以 v 为根的生成树。例如，图 7-14（a）是以 $v_1$ 为根的有向图，它的 DFS 生成树和 BFS 生成树分别如图 7-14（b）和（c）所示。

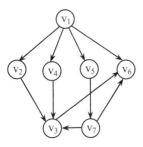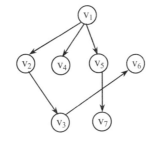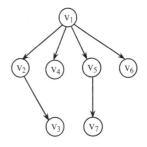

（a）以 $v_1$ 为根的有向图　　　　（b）DFS 生成树　　　　（c）BFS 生成树

图 7-14　有向图及其生成树

图的生成树不是唯一的，从不同的顶点出发进行遍历，可以得到不同的生成树。

若 G 是非连通的，则进行一次遍历只能遍历图的一个连通分支，各连通分支的生成树组成 G 的生成森林。

对于连通网络 G=(V,E)，边是带权的，因而 G 的生成树的各边也是带权的。我们把生成树各边的权值总和称为生成树的权，并把权最小的生成树称为 G 的最小生成树（Minimum Spanning Tree）。

生成树和最小生成树有许多重要的应用。令图 G 的顶点表示城市，边表示连接两个城市之间的通讯线路。n 个城市之间最多可设立的线路有 n(n-1)/2 条，把 n 个城市连接起来至少要有 n-1 条线路，则图 G 的生成树表示了建立通讯网络的可行方案。如果给图中的边都赋予权，而这些权可表示两个城市之间通讯线路的长度或建造代价，那么，如何选择 n-1 条线路，使得建立的通讯网络其线路的总长度最短或总代价最小呢？这就要构造该图的一棵最小生成树。

以下我们只讨论无向图的最小生成树问题。构造最小生成树可以有多种算法，最典型的有普里姆（Prim）算法和克鲁斯卡尔（Kruskar）算法。

1. Prim 算法

Prim 算法的基本思想是，首先将生成树 T 的集合置为空，接下来从连通带权图 G 的某个顶点 $v_i$ 出发，选择与它相关的具有最小权值的边 $(v_i,v_j)$，将该边与结点 $v_j$ 加入到生成树 T 中，如此继续，直到产生一个 n-1 条边的生成树。

Prim 算法的思路是从候选集中选出边和对应的结点，逐步扩充 T。具体实施步骤可概括如下：

（1）置 T 中包含任意一个顶点 u 为出发点，置所有与 u 相关联的边为初始候选边集。

（2）while（T 中顶点数目<n）。

（3）{从候选边集中选取最短边(u,v)。

（4）将边(u,v)及结点 v 扩充到 T 中。

（5）调整候选边集，使其包括所有与集合 T 相关联的最短边。

（6）}

对图 7-15(a)所示的连通网络,按照上述算法思想形成最小生成树 T 的过程如图 7-15(b)～(g)所示。开始时，取顶点 1 加入 T 中，初始的候选边集是与另外 5 个点所关联的最短边，如图 7-15（b）所示。其中点 1 同点 5 和 6 没有关联边，故 1 与 5 和 6 关联的最短边的长度是无穷大。显然，在这与点 1 关联的 5 条最边中，(1,3)的长度最短，因此选择该边扩充到 T 中，即把该边及其点 3 加入 T。于是候选边集调整如下：顶点 2 关联的原最短边(1,2)的长度为 6，而新边(3,2)的长度为 5，前者大于后者，因此必须用(3,2)取代(1,2)。同理，必须用新边(3,5)和(3,6)分别取代原来的边(1,5)和(1,6)，使其成为与点 5 和 6 所关联的新的最短边；因为点 4 所关联的原最短边(1,4)的长度 5 小于新边(3,4)的长度 7，所以点 4 关联的最短边仍然是(1,4)。调整后的候选边集如图 7-15（c）的 4 条虚线所示。类似地，可选择其中最短的一条边(3,6)作为下一条扩充到 T 中的边······，如此进行下去，最终得到的生成树 T 即为所求的最小生成树，如图 7-15（g）所示。

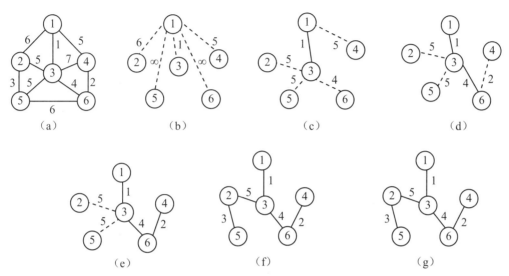

图 7-15　Prim 算法构造最小生成树的过程

若候选边集中最短边不止一条时，可任选其中的一条扩充到 T 中，因此，连通网络的最小生成树不一定是唯一的，但它们的权是相等的。例如在图 7-15（e）中若选取最短边是(3,5)而非(3,2)时，则得到另一棵最小生成树，如图 7-16 所示。

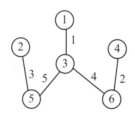

图 7-16　图 7-15（a）的另一棵最小生成树

在对算法 Prim 求精之前，先确定有关的存储结构如下：

```
typedef struct
{   Int fromvex，endvex;           /*边的起点和终点*/
    float length;                  /*边的权值*/
} edge;

float dist[n][n];                  /*连通网络的带权邻接矩阵*/
edgeT[n-1];                        /*生成树*/
```

现在，可将算法 Prim 中各个抽象语句求精如下：

（1）初始时，不妨取顶点 1 加入 T 中，因为 T 中此时只有一个点 1，所以，对于任一点 j（j=2,3,…,n），j 所关联的最短边是(1,j)，其长度是 dist[0][j-1]，这 n-1 条最短边即为初始候选边集（见图 7-15（b））。因为 T 中没有树边，故 T[0]到 T[n-2]全部用来存放初始候选边集的 n-1 条边。因此，抽象语句(1)可求精为：

```
for(j=1;j<n;j++)                /*对 n-1 个点构造候选边集*/
{ T[j-1].fromvex=1};            /*边的起点在 T 内*/
  T[j-1].endvex=j+1;            /*边的终点在 T 外*/
  T[j-1].1ength=dist[0][j];     /*边的长度*/
}
```

（2）因为初始化时已在 T 中置入了一个出发点，所以，只要将 n-1 条最短边及其一端的点，依次扩充到 T 中，即可使 T 成为最小生成树。因此，语句（2）可用 k 从 0 到 n-2 的 for 循环语句代替。

（3）对语句（2）中 for 循环的每一个 k，当前候选边集的 n-k-1 条边是存放在 T[k]到 T[n-2]中的，因此，抽象语句（3）所求的第 k 条最短边可求精为：

```
min=max;                        /*max 大于任何边上的权值*/
for (j=k;j<n-1;j++)             /*扫描当前候选边集 T[k]到 T[n-2]，找最短边*/
   if(T[j].1ength<min)
      {min=T[j].1ength;m=j;     /*记录当前最短边的位置*/
      }
```

（4）语句（3）中求得的最短边 T[m]，是第 k 条扩充到生成树中的边，该条边上的点 T[m].endvex(j=k+1,…,n-2)，则是第 k+1 个扩充到生成树中的点。因此，只要将 T[k]和 T[m]交换，便得到子树 T[0]到 T[k]和待调整的候边集 T[k+1]到 T[n-2]。由此可得抽象语句（4）的求精：

```
e=T[m];T[m]=T[k];T[k]=e;        /*T[k]和 T[m]交换*/
v=T[kl.Endvex];                 /*v 是新加入集合 T 的顶点*/
```

（5）当新的点加入 T 之后，剩下的点是待调整候选边集中各边的终点 T[j].endvex (j=k+1,…,n-2)。因此，调整候选边集，只需要依次比较 T 之外的点集，考查它们关联的新边 (v,T[j].endvex)和该点关联的原最短边 T[j]的长度，取长度较小的作为新的最短边即可。故抽象语句（5）可求精为：

```
for(j=k+1;j<n-1;j++)            /*调整候选边集 T[k+1]到 T[n-2]*/
{d=dist[v-1][T[j].endvex-1];    /*新边的长度*/
  if(d<T[j].1ength)             /*新边的长度小于原最短边*/
     {T[j].1ength=d;
      T[j].fromvex=v;           /*新边取代原最短边*/
     }
}
```

由此不难写出完整的算法：

```
PRIM()                /*从第一个顶点出发构造连通网络 dist 的最小生成树，结果放在 T 中*/
{int j, k, m, v, min, max=l0000;
  float d;
```

```
    edge e;
    for(j=1;j<n;j++)                    /*构造初始候选边集*/
    {T[j-1].formvex=1;                  /*顶点 1 是第一个加入树中的点*/
     T[j-1].endvex=j+1;
     T[j-1].length=dist[o][j];
    }
  for(k=0;k<n-1;k++)                    /*求第 k 条边*/
    {min=max;
     for(j=k;j<n-1;j++)                 /*在候选边集中找最短边*/
      if(T[j].1ength<min)
        {min=T[j].1ength;
         m=j;
        }                              /*T[m]是当前最短边*/
    }
    e=T[m];T[m]=T[k];T[k]=e;            /*T[k]和 T[m]交换后，T[k]是第 k 条边*/
    v=T[k].endvex ;                     /*v 是新加入的结点*/
    for(j=k+1;j<n-1;j++)                /*调整候选边集*/
      {d=dist[v-1][T[j].endvex-1];
       if(d<T[j].1ength);
       {T[j].1ength=d;
        T[j].fromvex=v;
        }
      }
    }                                  /*PRIM*/
```

上述算法的初始化时间是 O(n)。k 循环内有两个循环语句，其时间大致为：令 O(1)为某一正常数 C，展开上述求和公式可知其数量级仍是 n 的平方。所以，整个算法的时间复杂性是 $O(n^2)$。

2. Kruskal 算法

Kruskal 算法的基本思想是：依照边的权由小到大的次序，逐边将它们放回到所关联的结点上，在这一过程中，删除会生成回路的边，直到产生一个 n-1 条边的生成树。

Kruskal 算法的具体实施步骤可概括如下：

（1）初始化，构造 n 个结点和 0 条边的森林。

（2）选择权值最小的边加入森林。

（3）重复上一步，确保森林可不产生回路，直到该森林变成一棵树为止。

对图 7-16（a）中连通网络，按 Kruskal 算法构造的最小生成树，其过程如图 7-17 所示。按长度递增顺序，依次考虑边(1,3), (4,6), (2,5), (3,6), (1,4), (2,3), (3,5), (1,2), (5,6)和(3,4)。因为前 4 条边最短，且又都连通了两个不同的连通分量，故依次将它们添加到 T 中，如图 7-18（a）~（d）所示。接着考虑当前最短边(1,4)，因为该边的两个端点在同一个连通分量上，若加入此边到 T 中，将会出现回路，故舍去这条边。然后再选择边(2,3)加入 T，便得到图 7-18（e）所示的单个连通分量 T，它就是所求的一棵最小生成树。显然，对于图 7-18（d），因为边(3,5)和边(2,3)的长度相同，它们都是当前最短边，所以亦可选择边(3,5)添加到当前的 T 中，从而得到另一棵如图 7-17 所示的最小生成树。

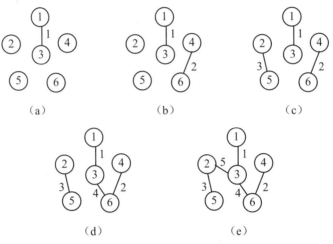

（a）　　　　　　　　　（b）　　　　　　　　　（c）

（d）　　　　　　　　　（e）

图 7-17　用 Kruskal 算法构造最小生成树的过程

下面给出 Kruskal 算法的粗略描述：

```
T=(V,φ);
While(T 中所含边数<n-1)
{ 从 E 中选取当前最短边(u,v);
  从 E 中删去边(u,v);
  if((u,v)并入 T 之后不产生回路,将边(u,v)并入 T 中;
}
```

# 7.5　最短路径

交通网络中常常提出这样的问题：从甲地到乙地之间是否有公路连通？在有多条通路的情况下，哪一条路最短？交通网络可用带权图来表示。顶点表示城市名称，边表示两个城市有路连通，边上权值可表示两城市之间的距离、交通费或途中所花费的时间等。求两个顶点之间的最短路径，不是指路径上边数之和最少，而是指路径上各边的权值之和最小。

另外，若两个顶点之间没有边，则认为两个顶点无直接通路，但有可能有间接通路（通过其他顶点中转后达到）。路径上的开始顶点（出发点）称为源点，路径上的最后一个顶点称为终点，并假定讨论的权值不能为负数。

## 7.5.1　单源点最短路径

1. 什么是单源点最短路径

单源点最短路径是指：给定一个有向网 G=(V,E)，并给定其中的一个点为出发点（单源点），求出该源点到其他各顶点之间的最短路径。例如，对图 7-18 所示的有向网 G，设顶点 1 为源点，则源点到其余各顶点的最短路径如图 7-19 所示。

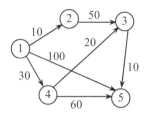

图 7-18　有向网 G

| 源点 | 中间顶点 | 终点 | 路径长度 |
| --- | --- | --- | --- |
| 1 |  | 2 | 10 |
| 1 |  | 4 | 30 |
| 1 | 4 | 3 | 50 |
| 1 | 4、3 | 5 | 60 |

图 7-19　源点 1 到其余顶点的最短路径

从图 7-18 可以看出，从顶点 1 到顶点 5 有四条路径：①1→5，②1→4→5，③1→4→3→5，④1→2→3→5 路径长度分别为 100，90，60，70，因此，从源点 1 到顶点 5 的最短路径为 60。

那么怎样求出单源点的最短路径呢？可以将源点到终点的所有路径都列出来，然后在里面选最短的一条即可。但是这样做，用手工方式可以，当路径特别多时，显得特别麻烦，并且没有什么规律，不能用计算机算法实现。迪杰斯特拉（Dijkstra）在做了大量观察后，首先提出了按路径长度递增顺序产生各顶点的最短路径算法，称之为迪杰斯特拉算法。

**2. 迪杰斯特拉算法的基本思想**

迪杰斯特拉算法的基本思想是：设置并逐步扩充一个集合 S，存放已求出其最短路径的顶点，则尚未确定最短路径的顶点集合是 V-S，其中 V 为网中所有顶点集合。按最短路径长度递增的顺序逐个以 V-S 中的顶点加到 S 中，直到 S 中包含全部顶点，而 V-S 为空。

具体做法是：设源点为 $V_1$，则 S 中只包含顶点 $V_1$，令 W=V-S，则 W 中包含除 $V_1$ 外图中所有顶点，$V_1$ 对应的距离值为 0，W 中顶点对应的距离值是这样规定的：若图中有弧 $<V_1,V_j>$ 则 $V_j$ 顶点的距离为此弧权值，否则为 ∞（一个很大的数），然后每次从 W 中的顶点中选一个其距离值为最小的顶点 Vm 加入到 S 中，每往 S 中加入一个顶点 Vm，就要对 W 中的各个顶点的距离值进行一次修改。若加进 Vm 做中间顶点，使 $<V_1,Vm>+<Vm,V_j>$ 的值小于 $<V_1,V_j>$ 值，则用 $<V_1,Vm>+<Vm,V_j>$ 代替原来 $V_j$ 的距离，修改后再在 W 中选距离值最小的顶点加入到 S 中，如此进行下去，直到 S 中包含了图中所有顶点为止。

**3. 迪杰斯特拉算法的实现**

下面以邻接矩阵存储来讨论迪杰斯特拉算法，为了找到从源点 $V_1$ 到其他顶点的最短路径，引入三个辅助数组 dist[n],s[n],pre[n]，其中 dist[i-1]记录当前找到的从源点 $V_1$ 到终点 $V_i$ 的最短路径长度，pre[i-1]表示从源点到顶点 i 的最短路径上该点的前驱顶点，s 用以标记那些已经找到最短路径的顶点，若 s[i-1]=1 表示已经找源点到顶点 i 的最短路径，若 s[i-1]=0，则表示尚未找到。算法描述如下：

```
#define max 32767                          /*max 代表一个很大的数*/
void dijkstra (float cost[][n],int v)
/*求源点 v 到其余顶点的最短路径及其长度*/
  { v1=v-1;
    for (i=0;i<n;i++)
      { dist[i]=cost[v1][i];                /*初始化 dist*/
        if (dist[i]<max)
          pre[i]=v;
        else pre[i]=0;
      }
    pre[v1]=0;
    for (i=0;i<n;i++)
      s[i]=0;                               /*s 数组初始化为空*/
    s[v1]=1;                                /*将源点 v 归入 s 集合*/
    for (i=0;i<n;i++)
      { min=max;
        for (j=0;j<n;j++)
          if (!s[j] && (dist[j]<min))
            { min=dist[j];
              k=j;
            }                               /*选择 dist 值最小的顶点 k+1*/
        s[k]=1;                             /*将顶点 k+1 归入 s 集合中*/
        for (j=0;j<n;j++)
          if (!s[j]&&(dist[j]>dist[k]+cost[k][j]))
            { dist[j]=dist[k]+cost[k][j];    /*修改 V-S 集合中各顶点的 dist 值*/
              pre[j]=k+1;                    /*k+1 顶点是 j+1 顶点的前驱*/
            }
      }                                     /*所有顶点均已加入到 S 集合中*/
  for (j=0;j<n;j++)                         /*打印结果*/
    { printf("%f\n%d",dist[j],j+1;);
      p=pre[j];
      while (p!=0)
        { printf("%d",p);
          p=pre[p-1];
        }
    }
}
```

利用该算法求得的最短路径如图 7-19 所示。从图 7-20 可知，1 到 2 的最短距离为 3，路径为：1→2；1 到 3 的最短距离为 15，路径为：1→2→4→3；1 到 4 的最短距离为 11，路径为：

1→2→4；1 到 5 的最短距离为 23，路径为：1→2→4→5。

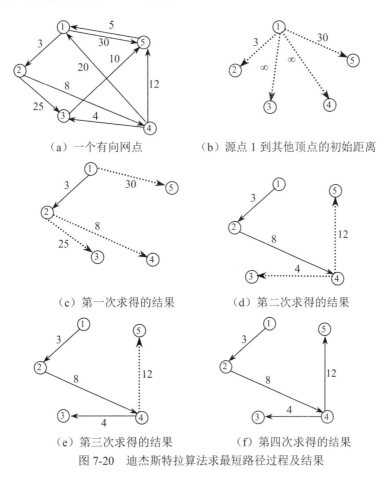

（a）一个有向网点　　　　（b）源点 1 到其他顶点的初始距离

（c）第一次求得的结果　　　（d）第二次求得的结果

（e）第三次求得的结果　　　（f）第四次求得的结果

图 7-20　迪杰斯特拉算法求最短路径过程及结果

### 7.5.2　所有顶点对之间的最短路径

1. 什么是所有顶点对之间的最短路径

所有顶点对之间的最短路径是指：对于给定的有向网 G=(V,E)，要对 G 中任意一对顶点有序对 v、w（v≠w），找出 v 到 w 的最短距离和 w 到 v 的最短距离。解决此问题的一个有效方法是：依次以图 G 中的每个顶点为源点，求每个结点的单源最短路径。由此知道，重复执行迪杰斯特拉算法 n 次，即可求得每一对顶点之间的最短路径，总的时间复杂度为 $O(n^3)$。

下面将介绍用弗洛伊德（Floyd）算法来实现此功能，时间复杂度仍为 $O(n^3)$，但该方法比调用 n 次迪杰斯特拉方法形式上简单一些。

2. 弗洛伊德算法的基本思想

弗洛伊德算法仍然使用前面定义的图的邻接矩阵 cost[n+1][n+1] 来存储带权有向图。算法的基本思想是：设置一个 n×n 的矩阵 $A^{(k)}$，其中除对角线的元素都等于 0 外，其他元素 $a^{(k)}[i][j]$ 表示顶点 i 到顶点 j 的路径长度，k 表示运算步骤。开始时，以任意两个顶点之间的有向边的权值作为路径长度，没有有向边时，路径长度为∞，当 k=0 时，$A^{(0)}[i][j]=arcs[i][j]$，

以后逐步尝试在原路径中加入其他顶点作为中间顶点，如果增加中间顶点后，得到的路径比原来的路径长度减少了，则以此新路径代替原路径，修改矩阵元素。具体做法为：第一步，让所有边上加入中间顶点 1，取 A[i][j]与 A[i][1]+A[1][j]中较小的值作 A[i][j]的值，完成后得到 $A^{(1)}$；第二步，让所有边上加入中间顶点 2，取 A[i][j]与 A[i][2]+A[2][j]中较小的值，完成后得到 $A^{(2)}$……如此进行下去，当第 n 步完成后得到 $A^{(n)}$，$A^{(n)}$即为所求结果，$A^{(n)}[i][j]$表示顶点 i 到顶点 j 的最短距离。因此，弗洛伊德算法可以描述为：

$A^{(0)}[i][j]=cost[i][j];$                          //cost 为图的邻接矩阵
$A^{(k)}[i][j]=min\{A^{(k-1)}[i][j],A^{(k-1)}[i][k]+A^{(k-1)}[k][j]\}$

其中 k=1,2,…,n。

3. 弗洛伊德算法实现

在用弗洛伊德算法求最短路径时，为方便求出中间经过的路径，增设一个辅助二维数组 path[n][n]，其中 path[i][j]是相应路径上顶点 j 的前一顶点的顶点号。

算法描述如下：

```
int path[n][n];                    /*路径矩阵*/
void floyd (float A[][n],cost[][n])
 { for (i=0;i<n;i++)                /*设置 A 和 path 的初值*/
     for (j=0;j<n;j++)
        { if (cost[i][j]<max)
            path[i][j]=j;
          else { path[i][j]=0;
               A[i][j]=cost[i][j];
               }
        }
    for (k=0;k<n;k++)
 /*做 n 次迭代，每次均试图将顶点 k 扩充到当前求得的从 i 到 j 的最短路径上*/
    for (i=0;i<n;i++)
      for (j=0;j<n;j++)
       if (A[i][j]>(A[i][k]+A[k][j]))     /*修改长度和路径*/
        { A[i][j]=A[i][k]+A[k][j];
          path[i][j]=path[i][k];
          }
    for (i=0;i<n;i++)              /*输出所有顶点对 i,j 之间的最短路径长度及路径*/
    for (j=0;j<n;j++)
       { printf ("%f",A[i][j]);            /*输出最短路径的长度*/
next=path[i][j];                  /*next 为起点 i 的后继顶点*/
        if (next==0)                  /*i 无后继表示最短路径不存在*/
          printf ("%d to %d no path.\n",i+1,j+1);
        else { printf ("%d",i+1);         /*最短路径存在*/
```

```
        while (next!=j+1)           /*打印后继顶点，然后寻找下一个后继顶点*/
            { printf ("%d",next);
               next =path[next-1][j];
            }
        printf ("%d\n",j+1);
      }
    }
  }
```

对图 7-21 所示图用弗洛伊德算法进行计算，所得结果如图 7-22 所示。

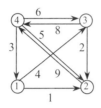

$$\begin{pmatrix} 0 & 1 & \infty & 4 \\ \infty & 0 & 9 & 2 \\ 3 & 5 & 0 & 8 \\ \infty & \infty & 6 & 0 \end{pmatrix}$$

（a）有向带权图 G　　　（b）G 的邻接矩阵

图 7-21　有向带权图及邻接矩阵

| | A(0) | | | | A(1) | | | | A(2) | | | | A(3) | | | | A(4) | | | |
|---|---|---|---|---|---|---|---|---|---|---|---|---|---|---|---|---|---|---|---|---|
| | 1 | 2 | 3 | 4 | 1 | 2 | 3 | 4 | 1 | 2 | 3 | 4 | 1 | 2 | 3 | 4 | 1 | 2 | 3 | 4 |
| 1 | 0 | 1 | ∞ | 4 | 0 | 1 | ∞ | 4 | 0 | 1 | 10 | 3 | 0 | 1 | 10 | 3 | 0 | 1 | 9 | 3 |
| 2 | ∞ | 0 | 9 | 2 | ∞ | 0 | 9 | 2 | ∞ | 0 | 9 | 2 | 2 | 0 | 9 | 2 | 11 | 0 | 8 | 2 |
| 3 | 3 | 5 | 0 | 8 | 3 | 4 | 0 | 7 | 3 | 4 | 0 | 6 | 3 | 4 | 0 | 6 | 3 | 4 | 0 | 6 |
| 4 | ∞ | ∞ | 6 | 0 | ∞ | ∞ | 6 | 0 | ∞ | ∞ | 6 | 0 | 9 | 10 | 6 | 0 | 9 | 10 | 6 | 0 |

| | PATH(0) | | | | PATH(1) | | | | PATH(2) | | | | PATH(3) | | | | PATH(4) | | | |
|---|---|---|---|---|---|---|---|---|---|---|---|---|---|---|---|---|---|---|---|---|
| | 1 | 2 | 3 | 4 | 1 | 2 | 3 | 4 | 1 | 2 | 3 | 4 | 1 | 2 | 3 | 4 | 1 | 2 | 3 | 4 |
| 1 | 0 | 1 | 0 | 1 | 0 | 1 | 0 | 1 | 0 | 1 | 2 | 2 | 0 | 1 | 2 | 2 | 0 | 1 | 4 | 2 |
| 2 | 0 | 0 | 2 | 2 | 0 | 0 | 2 | 2 | 0 | 0 | 2 | 2 | 3 | 0 | 2 | 2 | 3 | 0 | 4 | 2 |
| 3 | 3 | 3 | 0 | 3 | 3 | 1 | 0 | 1 | 3 | 1 | 0 | 2 | 3 | 1 | 0 | 2 | 3 | 1 | 0 | 2 |
| 4 | 0 | 0 | 4 | 0 | 0 | 0 | 4 | 0 | 0 | 0 | 4 | 0 | 3 | 1 | 4 | 0 | 3 | 1 | 4 | 2 |

图 7-22　弗洛伊德算法求解结果

从图 7-22 可知，A(4) 为所求结果，于是有如下的最短路径：

1 到 2 的最短路径距离为 1，路径为 2←1。

1 到 3 的最短路径距离为 9，路径为 3←4←2←1。

1 到 4 的最短路径距离为 3，路径为 4←2←1。

2 到 1 的最短路径距离为 11，路径为 1←3←4←2。

2 到 3 的最短路径距离为 8，路径为 3←4←2。

2 到 4 的最短路径距离为 2，路径为 4←2。

3 到 1 的最短路径距离为 3，路径为 1←3。

3 到 2 的最短路径距离为 4，路径为 2←1←3。

3 到 4 的最短路径距离为 6，路径为 4←2←1←3。

4 到 1 的最短路径距离为 9，路径为 1←3←4。

4 到 1 的最短路径距离为 9，路径为 1←3←4。

4 到 2 的最短路径距离为 10，路径为 2←1←3←4。

4 到 3 的最短路径距离为 6，路径为 3←4。

# 7.6　拓扑排序

1．基本概念

通常我们把计划、施工过程、生产流程、程序流程等都当成一个工程，一个大的工程常常被划分成许多较小的子工程，这些子工程称为活动，这些活动完成时，整个工程也就完成了。例如，计算机专业学生的课程开设可看成是一个工程，每一门课程就是工程中的活动，图 7-23 给出了若干门所开设的课程，其中有些课程的开设有先后关系，有些则没有先后关系，有先后关系的课程必须按先后关系开设，如开设数据结构课程之前必须先学完程序设计基础及离散数学，而开设离散数学则必须学完高等数学。在图 7-23（b）中，用一种有向图来表示课程开设，在这种有向图中，顶点表示活动，有向边表示活动的优先关系，这种有向图叫做顶点表示活动的网络（Active On Vertices）简称为 AOV 网。

| 课程代码 | 课程名称 | 先修课程 |
|---|---|---|
| C1 | 高等数学 | 无 |
| C2 | 程序设计基础 | 无 |
| C3 | 离散数学 | C1,C2 |
| C4 | 数据结构 | C2,C3 |
| C5 | 高级语言程序设计 | C2 |
| C6 | 编译方法 | C5,C4 |
| C7 | 操作系统 | C4,C9 |
| C8 | 普通物理 | C1 |
| C9 | 计算机原理 | C8 |

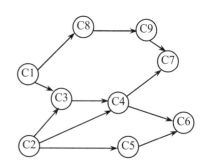

（a）课程开设　　　　　　　　　　　　（b）课程开设优先关系的有向图

图 7-23　学生课程开设工程图

在 AOV 网中，<i,j>有向边表示 i 活动应先于 j 活动开始，即 i 活动必须完成后，j 活动才可以开始，并称 i 为 j 的直接前驱，j 为 i 的直接后继。这种前驱与后继的关系有传递性，此外，任何活动 i 不能以它自己作为自己的前驱或后继，这叫做反自反性。从前驱和后继的传递性和反自反性来看，AOV 网中不能出现有向回路（或称有向环）。在 AOV 网中如果出现了有向环，则意味着某项活动应以自己作为先决条件，这是不对的，工程将无法进行。对程序流程而言，将出现死循环。因此，对给定的 AOV 网，应先判断它是否存在有向环。判断 AOV 网是否有有向环的方法是对该 AOV 网进行拓扑排序，将 AOV 网中顶点排列成一个线性有序序列，若该线性序列中包含 AOV 网全部顶点，则 AOV 网无环；否则 AOV 网中存在有向环，该 AOV 网所代表的工程是不可行的。

以图 7-23 所示的学生课程开设工程图为例，如果假设一个学生一次修一门课，那么应该选择怎样的课程次序才能保证学习每一门课程时，其先修课程已经学完呢？例如可以选择课程序列：$c_1$，$c_2$，$c_3$，$c_4$，$c_5$，$c_6$，$c_8$，$c_9$，$c_7$，也可以选择课程序列：$c_1$，$c_2$，$c_8$，$c_9$，$c_3$，$c_4$，$c_5$，$c_6$，$c_7$。事实上，只要保证，$c_i$ 到 $c_j$ 有一条路径时，$c_i$ 必须排在 $c_j$ 之前。

设 G 是一个包含 n 个顶点的有向图，包含 G 的所有 n 个顶点的一个序列 $V_{i1}$，$V_{i2}$，$V_{i3}$，…，$V_{in}$ 当满足下述条件时称为一个拓扑序列：若在 G 中，从顶点 $V_i$ 到顶点 $V_j$ 有一条路径时，在序列中 $V_i$ 必定排在 $V_j$ 前面。构造拓扑序列的过程称为拓扑排序。

2. 拓扑排序

实现拓扑排序的步骤如下：

（1）在 AOV 网中选一个入度为 0 的顶点且输出之。

（2）从 AOV 网中删除此顶点，并删除该顶点发出来的所有有向边。

（3）重复（1）、（2）两步，直到 AOV 网中所有顶点都被输出或网中不存在入度为 0 的顶点。

从拓扑排序步骤可知，若在第（3）步中，网中所有顶点都被输出，则表明网中无有向环，拓扑排序成功。若仅输出部分顶点，网中已不存在入度为 0 的顶点，则表明网中有有向环，拓扑排序不成功。

例如，对图 7-24 中 AOV 网进行拓扑排序，写出一个拓扑序列。

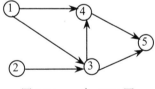

图 7-24　一个 AOV 网

操作过程：在图 7-24 中选择一个入度为 0 的顶点 $V_1$，删除 $V_1$ 及其相关联的两条边，如图 7-25（a）所示；再选择一个入度为 0 的顶点 $V_2$，删除 $V_2$ 及其相关联的一条边，如图 7-25（b）所示；再选择一个入度为 0 的顶点 $V_3$，删除 $V_3$ 及其相关联的两条边，如图 7-25（c）所示；再选择一个入度为 0 的顶点 $V_4$，删除 $V_4$ 及其相关联的一条边，如图 7-25（d）所示；最后选取顶点 $V_5$，即得到该图的一个拓扑序列：$V_1$，$V_2$，$V_3$，$V_4$，$V_5$。

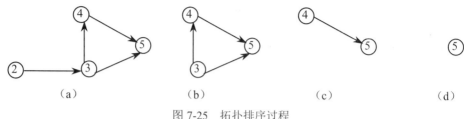

图 7-25  拓扑排序过程

# 7.7  实训项目七  无向图的遍历

## 【实训】图的遍历

### 1. 实训说明

涉及图的操作的算法通常都是以图的遍历操作为基础的。试写一个程序，演示无向图的遍历操作。要求以邻接表为存储结构，实现连通无向图的深度优先和广度优先遍历。以用户指定的结点为起点，分别输出每种遍历下的结点访问序列和相应生成树的边集。

### 2. 程序分析

设图的结点不超过 30 个，每个结点用一个编号表示（如果一个图有 n 个结点，则它们的编号分别为 1、2、…、n）。通过输入图的全部边输入一个图，每个边为一个数对，可以对边的输入顺序作出某种限制。

本实训实现的是图的基本算法，即图的生成及遍历，以此为基础可以得到图的其他复杂算法。

本程序分为四个部分：

（1）屏幕提示菜单。

（2）建立图的存储结构（即图的生成），本实训中实现的是图的邻接表结构。

（3）图的深度优先遍历。

（4）图的广度优先遍历。

### 3. 程序源代码

```
//* * * * * * * * * * * * * * * * * * * * * * *
//*图的生成以及图的深度、广度优先遍历 *
//* * * * * * * * * * * * * * * * * * * * * * *
#include <dos.h>
#include <conio.h>
#include <stdio.h>
#include <stdlib.h>
#include <string.h>
#define MAX_VERTEX_NUM 20          //图的最大顶点数
#define MAXQSIZE 30                //队列的最大容量
```

```
enum BOOL {False,True};
typedef struct ArcNode
{   int adjvex;                                 //该弧所指向的顶点的位置
    struct ArcNode *nextarc;                    //指向下一条弧的指针
}ArcNode;                                        //弧结点
typedef struct
{   ArcNode* AdjList[MAX_VERTEX_NUM];            //指向第一条依附该顶点的弧的指针
    int vexnum,arcnum;                          //图的当前顶点和弧数
    int GraphKind;                              //图的种类，0---无向图，1---有向图
}Graph;
typedef struct                                  //队列结构
{   int elem[MAXQSIZE];                         //数据域
    int front;                                  //队头指针
    int rear;                                   //队尾指针
}SqQueue;
BOOL visited[MAX_VERTEX_NUM];                   //全局变量——访问标志数组
void CreateGraph(Graph &);                       //生成图的邻接表
void DFSTraverse(Graph);                         //深度优先搜索遍历图
void DFS(Graph,int);
void BFSTraverse(Graph);                         //广度优先搜索遍历图
void Initial(SqQueue &);                         //初始化一个队列
BOOL QueueEmpty(SqQueue);                        //判断队列是否空
BOOL EnQueue(SqQueue &,int);                     //将一个元素入队列
BOOL DeQueue(SqQueue &,int &);                   //将一个元素出队列
int FirstAdjVex(Graph,int);                      //求图中某一顶点的第一个邻接顶点
int NextAdjVex(Graph,int,int);                   //求某一顶点的下一个邻接顶点
void main()
{   Graph G;                                     //采用邻接表结构的图
    char j='y';
    textbackground(3);                           //设定屏幕颜色
    textcolor(15);
    clrscr();
    //-----------------打印程序说明----------------------
    printf("本程序将演示生成一个图，并对它进行遍历.\n");
    printf("首先输入要生成的图的种类.\n");
    printf("0---无向图, 1--有向图\n");
    printf("之后输入图的顶点数和弧数。\n 格式：顶点数，弧数；例如:4,3\n");
    printf("接着输入各边(弧尾，弧头).\n 例如:\n1,2\n1,3\n2,4\n");
    printf("程序会生成一个图，并对它进行深度和广度遍历.\n");
    printf("深度遍历:1->2->4->3\n 广度遍历:1->2->3->4\n");
    //-------------------------------------------------
    while(j!='N'&&j!='n')
    {   printf("请输入要生成的图的种类(0/1):");
        scanf("%d",&G.GraphKind);                //输入图的种类
        printf("请输入顶点数和弧数： ");
        scanf("%d,%d",&G.vexnum,&G.arcnum);      //输入图的顶点数和弧数
```

```
            CreateGraph(G);                          //生成邻接表结构的图
            DFSTraverse(G);                          //深度优先搜索遍历图
            BFSTraverse(G);                          //广度优先搜索遍历图
            printf("图遍历完毕，继续进行吗?(Y/N)");
            scanf(" %c",&j);
        }
    }
    void CreateGraph(Graph &G)
    {   //构造邻接表结构的图 G
        int i;
        int start,end;
        ArcNode *s;
        for(i=1;i<=G.vexnum;i++) G.AdjList[i]=NULL;   //初始化指针数组
        for(i=1;i<=G.arcnum;i++)
        {   scanf("%d,%d",&start,&end);               //输入弧的起点和终点
            s=(ArcNode *)malloc(sizeof(ArcNode));     //生成一个弧结点
            s->nextarc=G.AdjList[start];              //插入到邻接表中
            s->adjvex=end;
            G.AdjList[start]=s;
            if(G.GraphKind==0)                        //若是无向图，再插入到终点的弧链中
            {   s=(ArcNode *)malloc(sizeof(ArcNode));
                s->nextarc=G.AdjList[end];
                s->adjvex=start;
                G.AdjList[end]=s;
            }
        }
    }
    void DFSTraverse(Graph G)
    {   //深度优先遍历图 G
        int i;
        printf("DFSTraverse:");
        for(i=1;i<=G.vexnum;i++)   visited[i]=False;   //访问标志数组初始化
        for(i=1;i<=G.vexnum;i++)
            if(!visited[i]) DFS(G,i);                  //对尚未访问的顶点调用 DFS
        printf("\b\b \n");
    }
    void DFS(Graph G,int i)
    {   //从第 i 个顶点出发递归地深度遍历图 G
        int w;
        visited[i]=True;                               //访问第 i 个顶点
        printf("%d->",i);
        for(w=FirstAdjVex(G,i);w;w=NextAdjVex(G,i,w))
            if(!visited[w]) DFS(G,w);                  //对尚未访问的邻接顶点 w 调用 DFS
    }
    void BFSTraverse(Graph G)
    {   //按广度优先非递归的遍历图 G，使用辅助队列 Q 和访问标志数组 visited
```

```
    int i,u,w;
    SqQueue Q;
    printf("BFSTreverse:");
    for(i=1;i<= G.vexnum;i++)    visited[i]=False;        //访问标志数组初始化
    Initial(Q);                                           //初始化队列
    for(i=1;i<=G.vexnum;i++)
        if(!visited[i])
        { visited[i]=True;                                //访问顶点 i
          printf("%d->",i);
          EnQueue(Q,i);                                   //将序号 i 入队列
          while(!QueueEmpty(Q))                           //若队列不空,继续
          {DeQueue(Q,u);                                  //将队头元素出队列并置为 u
            for(w=FirstAdjVex(G,u);w;w=NextAdjVex(G,u,w))
              if(!visited[w])                             //对 u 的尚未访问的邻接顶点 w 进行访问并入队列
              {   visited[w]=True;
                  printf("%d->",w);
                  enQueue(Q,w);
              }
          }
        }
    printf("\b\b \n");
}

int FirstAdjVex(Graph G,int v)
{   //在图 G 中寻找第 v 个顶点的第一个邻接顶点
    if(!!G.AdjList[v]) return 0;
    else return(G.AdjList[v]->adjvex);
}
int NextAdjVex(Graph G,int v,int u)
{   //在图 G 中寻找第 v 个顶点的相对于 u 的下一个邻接顶点
    ArcNode *p;
    p=G.AdjList[v];
    while(p->adjvex!=u) p=p->nextarc;                     //在顶点 v 的弧链中找到顶点 u
    if(p->nextarc==NULL) return 0;                        //若已是最后一个顶点,返回 0
    else return(p->nextarc->adjvex);                      //返回下一个邻接顶点的序号
}
void Initial(SqQueue &Q)
{   //队列初始化
    Q.front=Q.rear=0;
}
BOOL QueueEmpty(SqQueue Q)
{   //判断队列是否已空,若空返回 True,否则返回 False
    if(Q.front==Q.rear) return True;
    else return False;
}
BOOL EnQueue(SqQueue &Q,int ch)
```

```
{   //入队列，成功返回 True，失败返回 False
    if((Q.rear+1)%MAXQSIZE==Q.front) return False;
    Q.elem[Q.rear]=ch;
    Q.rear=(Q.rear+1)%MAXQSIZE;
    return True;
}
BOOL DeQueue(SqQueue &Q,int &ch)
{   //出队列，成功返回 True，并用 ch 返回该元素值，失败返回 False
    if(Q.front==Q.rear) return False;
    ch=Q.elem[Q.front];
    Q.front=(Q.front+1)%MAXQSIZE;
    return True; //成功出队列，返回 True
}
```

 本章小结

　　图是一种复杂的非线性结构，具有广泛的应用背景。本章涉及的基本概念如下：

　　图：由两个集合 V 和 E 组成，记为 G=(V,E)，其中 V 是顶点的有穷非空集合，E 是 V 中顶点偶对（称为边）的有穷集。通常，也将图 G 的顶点集和边集分别记为 V(G) 和 E(G)。E(G) 可以是空集，若 E(G) 为空，则图 G 只有顶点而没有边，称为空图。

　　有向图（Digraph）：若图 G 中的每条边都是有方向的，则称 G 为有向图。

　　无向图（Undigraph）：若图 G 中的每条边都是没有方向的，则称 G 为无向图。

　　无向完全图（Undirected Complete Graph）：恰好有 n(n-1)/2 条边的无向图称为无向完全图。

　　有向完全图（Directed Complete Graph）：恰有 n(n-1) 条边的有向图称为有向完全图。

　　邻接点（Adjacent）：若($v_i,v_j$)是一条无向边，则称顶点 $v_i$ 和 $v_j$ 互为邻接点。

　　度（Degree）：无向图中顶点 v 的度是关联于该顶点的边的数目。

　　入度（Indegree）：若 G 为有向图，则把以顶点 v 为终点的边的数目，称为 v 的入度，记为 ID(v)。

　　出度（Outdegree）：把以顶点 v 为始点的边的数目，称为 v 的出度，记为 OD(v)。

　　子图（Subgraph）：设 G=(V,E)是一个图，若 v′是 v 的子集，E′是 E 的子集，且 E′中的边所关联的顶点均在 v′中，则 G′=(V′,E′)也是一个图，并称其为 G 的子图。

　　路径（Path）：在无向图 G 中，若存在一个顶点序列 $v_p,v_{i1},v_{i2}...,v_{in},v_q$，使得($v_p,v_{i1}$)，($v_{i1},v_{i2}$)，…，($v_{in},v_q$)均属于 E(G)，则称顶点 $v_p$ 到 $v_q$ 存在一条路径。

　　路径长度：该路径上边的数目。

　　简单路径：若一条路径上除了 $v_p$ 和 $v_q$ 可以相同外，其余顶点均不相同，则称此路径为一条简单路径。

简单回路或简单环（Cycle）：起点和终点相同（$v_p=v_q$）的简单路径称为简单回路或简单环。

有根图：在一个有向图中，若存在一个顶点 v，从该顶点有路径可以到达图中其他所有顶点，则称此有向图为有根图，v 称作图的根。

连通：在无向图 G 中，若从顶点 $v_i$ 到顶点 $v_j$ 有路径（当然从 $v_j$ 到 $v_i$ 也一定有路径），则称 vi 和 vj 是连通的。

连通图（Connected Graph）：若 V(G)中任意两个不同的顶点 $v_i$ 和 $v_j$ 都连通（即有路径），则称 G 为连通图。

连通分量（Connected Component）：无向图 G 的极大连通子图称为 G 的连通分量。

强连通图：在有向图 G 中，若对于 V(G)中任意两个不同的顶点 $v_i$ 和 $v_j$，都存在 $v_i$ 到 $v_j$ 以及从 $v_j$ 到 $v_i$ 的路径，则称 G 是强连通图。

强连通分量：有向图 G 的极大强连通子图称为 G 的强连通分量。

网络（Network）：若将图的每条边都赋上一个权，则称这种带权图为网络。

生成树（Spanning Tree）：连通图 G 的一个子图如果是一棵包含 G 的所有顶点的树，则该子图称为 G 的生成树。

最小生成树（Minimum Spanning Tree）：权最小的生成树称为 G 的最小生成树。

本章在介绍图的基本概念的基础上，介绍了图的两种常用的存储结构，即邻接矩阵和邻接表。接下来，讨论了图的主要算法，包括图的遍历（深度优先遍历和广度优先遍历）、图的生成树、图的最小生成树、最短路径、拓扑排序等问题，并将这些算法与实际应用联系起来。

读者在学习这一章时，建立回顾一下离散数学中有关图论的基础知识。要求读者通过本章的学习能够掌握图的有关术语和存储表示；理解本章所介绍的算法实质；在解决实际问题时，学会灵活运用本章的相关内容。

## 习题七

1．对 n 个顶点的无向图 G，采用邻接矩阵表示，如何判别下列有关问题：

（1）图中有多少条边？

（2）任意两个顶点 i 和 j 是否有边相连？

（3）任意一个顶点的度是多少？

2．图 7-26 所示的有向图是强连通的吗？请列出所有简单路径，并给出其邻接矩阵、邻接表和逆邻接表。

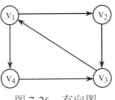

图 7-26　有向图

3．按顺序输入顶点对：(1,2)，(1,6)，(2,6)，(1,4)，(6,4)，(1,3)，(3,4)，(6,5)，(4,5)，(1,5)，(3,5)，根据第 7.2.2 节中的算法 CREATADJLIST 画出相应的邻接表。并写出在该邻接表上，从顶点 4 开始搜索所得的 DFS 和 BFS 序列。

4．对图 7-27 所示的有向图，画出从顶点 v1 开始的遍历所得到的 DFS 和 BFS 森林。

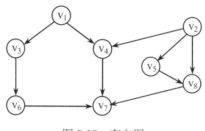

图 7-27　有向图

5．对图 7-28 所示的连通网络，请分别用 PRIM 算法和 KRUSKAL 算法构造该网络的最小生成树。

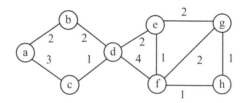

图 7-28　连通网络图

# 8

## 查找

 本章学习导读

　　查找又称检索，是对查找表进行的操作，查找表是一种非常灵活方便的数据结构，其数据元素之间仅存在"同属于一个集合"的关系。查找是数据处理中使用非常频繁的一种重要操作，当数据量相当大时，分析各种查找算法的效率就显得十分重要。

　　本章介绍了查找的基本概念和作用，系统的讨论各种查找算法，并通过分析来比较各种查找算法的优缺点。

## 8.1　顺序查找

　　顺序查找（Sequential Search）也称为线性查找，它的基本思想是：用给定的值与表中各个记录的关键字值逐个进行比较，若找到相等的则查找成功；否则查找不成功，给出找不到的提示信息。

　　顺序查找的查找过程：

　　（1）从表中最后一个记录开始，逐个进行记录的关键字和给定值的比较；

　　（2）若某个记录的关键字和给定值比较相等，则查找成功，找到所查记录；

　　（3）反之，若直至第一个记录，其关键字和给定值比较都不相等，则表明表中没有所查记录，查找不成功。

　　顺序查找过程流程图如 8-1 所示。

　　从表的一端开始，顺序扫描线性表，依次将扫描到的结点关键字和给定值 K 相比较。若当前扫描到的结点关键字与 K 相等，则查找成功；若扫描结束后，仍未找到关键字等于 K 的结点，则查找失败。

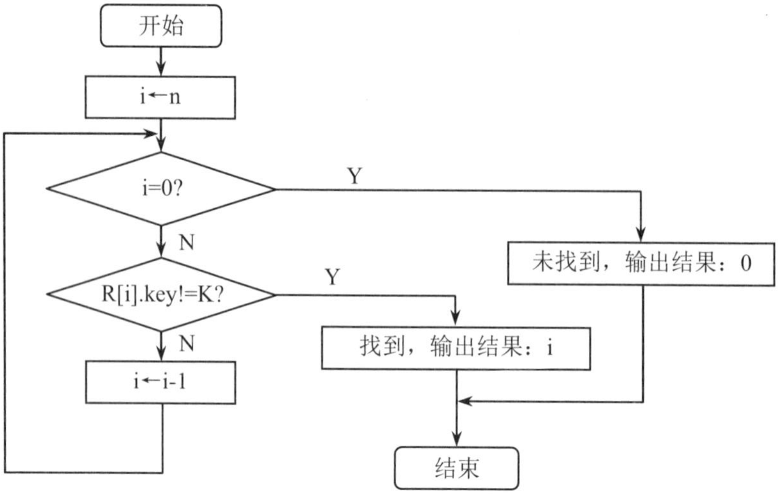

图 8-1　顺序查找流程图

1. 顺序查找所用的类型

```
typedef struct{
KeyType key;                            /*KeyType 由用户定义*/
InfoType otherinfo;                     /*此类型依赖于应用*/
}NodeType;
typedef NodeType Seqlist[n+1];          /*多出 0 号单元用作监视哨*/
```

2. 具体算法

```
int SeqSearch(Seqlist R,KeyType K)
{
    /*在顺序表 R[1..n]中顺序查找关键字为 K 的结点,
      成功时返回找到的结点位置, 失败时返回 0*/
    int i;
    R[0].key=K;                         /*设置监视哨*/
    for(i=n;R[i].key!=K;i--);            /*从表后往前找*/
    return i;                           /*若 i 为 0, 表示查找失败, 否则 R[i]为要找的结点*/
} /*SeqSearch*/
```

这里使用了一点小技巧，开始时将给定的关键字值 k 放入 R[0].key 中，然后从后往前倒着查，当某个 R[i].key 等于 k 时，表示查找成功，自然退出循环。若一直查不到，则直到 i=0。由于 R[0].key 必然等于 k，所以此时也能退出循环。由于 R[0]起到"监视哨"的作用，所以在循环中不必判断下标 i 是否越界，这就使得运算量大约减少一半。

3. 算法分析

从顺序查找过程可见，对于任意给定的值 k，若最后一个记录与其相等，只需比较 1 次。若第 1 个记录与其相等，则需要比较 n 次（设 n=R.length），可以得到 $C_i=n-i+1$. 假设每个记录的查找概率相等，即 $P_i=\dfrac{1}{n}$，且每次查找都是成功的。在等概率的情况下，顺序查找的平均查找长度为：

$$ASL = \sum_{i=1}^{n} P_i C_i = \frac{1}{n}\sum_{i=1}^{n}(n-i+1) = \frac{1}{n}\times\frac{n(n+1)}{2} = \frac{n+1}{2}$$

由此可知，成功查找的平均查找长度为 $\frac{n+1}{2}$，其时间复杂度均为 O(n)。显然，若 k 值不在表中，则须进行 n+1 次比较之后才能确定查找失败，即不成功查找次数为 n+1，其时间复杂度也为 O(n)。

顺序查找算法简单且适用面广，它对表的结构无任何要求。但是执行效率较低，尤其当 n 较大时，不宜采用这种查找方法。

顺序查找的优点是既适用于顺序表，也适用于单链表，同时对表中元素的排列次序无要求，这将给插入新元素带来方便，因为不需要为新元素寻找插入位置和移动原有元素，只要把它插入到表尾（对于顺序表）或表头（对于单链表）即可。如果在已经知道个元素查找概率不等的情况下，可以将元素按照查找概率从大到小排列，可以降低查找的平均比较次数。如果查找概率未知，可以把每次查找的一个元素提前一个位置，这样查找概率大的元素就会逐渐前移，同样可以减少查找时的比较次数。

## 8.2　折半查找

折半查找又称二分查找，是针对顺序存储的有序表进行的查找。所谓有序表，即要求表中的各元素按关键字的值有序（升序或降序）存放。折半查找是一种简单、有效而又较常用的查找方法。

折半查找过程如下：

（1）初始时，以整个查找表作为查找范围；

（2）用查找条件中给定值 k 与查找范围的中间位置的关键字比较；

（3）若相等，则查找成功；否则，根据比较结果缩小查找范围；

（4）若 k<中间位置的关键字，将查找范围缩小到前一子表；

（5）若 k>中间位置的关键字，将查找范围缩小到后一子表；

（6）重复以上过程，直到找到满足条件的记录，使查找成功，或直到子表不存在为止，此时查找不成功。

折半查找流程图如图 8-2 所示。

1．折半查找算法描述

用两个指针 low 和 high 分别指示待查元素所在范围的上界和下界，用 mid 指示中间元素，具体过程是：

（1）初态：low=1，high=n。

（2）mid=[(low+high)/2]，取得中间位置数据的下标。

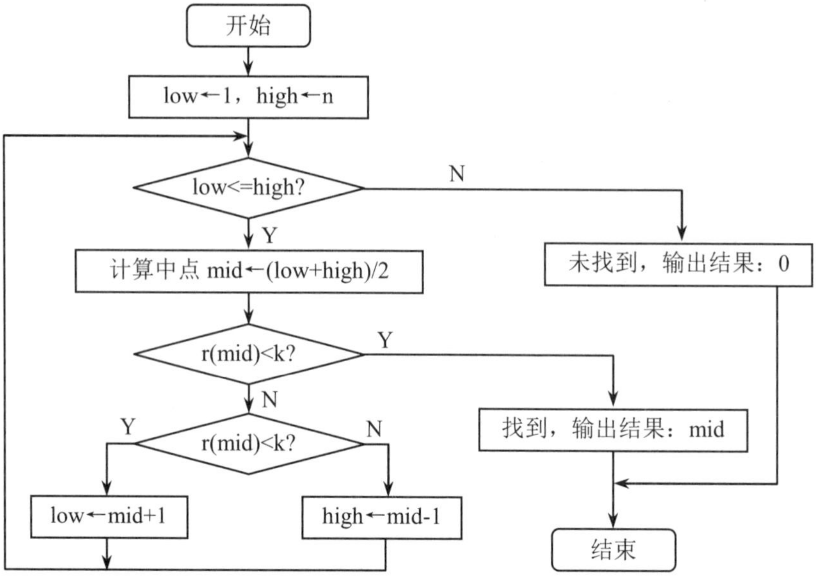

图 8-2　折半查找流程图

（3）用待查关键字 k 值与中间元素比较：

1）如果 r[mid]=k，则 mid 即为 k 所在位置下标，查找成功。

2）如果 r[mid]>k，说明如果待查元素存在，一定在数组的前半部，low～mid-1 内，则 high=mid-1 继续折半查找。

3）如果 r[mid]<k，说明如待查元素存在，一定在数组的后半部，mid+1～high 内，low=mid+1 则继续在后半部折半查找。

4）重复 2）、3），当表长缩小为 1 时，可判断是否查找成功，或当 low>high 时，说明已查遍全表，查找失败。

2．具体算法

```
int BinSearch(SeqList R,KeyType K)
{    int low=1,high=n,mid;
   while(low<=high)
     { mid=(low+high)/2;
   if(R[mid].key==K) return mid;
   if(R[mid].key>K)
     high=mid-1;
   else
     low=mid+1;
   }
   return 0;
}
```

下面通过一个例子来认识折半查找。

【例 8.1】设有一个 11 个记录的有序表的关键字值如下：

8　　12　　26　　37　　45　　56　　64　　72　　81　　89　　95

假设指针 low 和 high 分别指示待查元素所在区间的下界和上界，指针 mid 指示区间的中间位置。

（1）查找关键字值为 26 的过程如下：

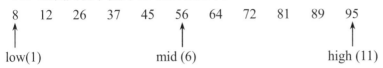

取 mid 位置的关键字值 56 与 26 作比较，显然 26<56，故要查找的 26 应该在前半部分，所以下次的查找区间应变为[1,5]，即 low 值不变仍为 1，high 的值变为 mid-1=5。求得 mid=3。

取 mid 指示位置的关键字值 26 与给定值 26 作比较，显然是相等的，说明查找成功。所查元素在查找表中的位置即为 mid 所指示的值。

（2）查找关键字的值为 76 的过程如下：

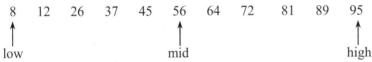

取 mid 位置的关键字值 56 与 76 作比较，显然 76>56，说明要查找的记录在后半部分，待查区间变为[7,11]，low=mid+1=6+1=7，求得 mid=9。

8　　12　　26　　37　　45　　56　　64　　72　　81　　89　　95
　　　　　　　　　　　　　　　　　　　　　　↑　　　　↑　　　　↑
　　　　　　　　　　　　　　　　　　　　　low　　　mid　　　high

再取 mid 位置的关键字值 81 与 76 作比较，显然 76<81，说明待查记录在前半部分。待查区间再次变为 [7，8]，high=mid-1=9-1=8，求得 mid=7。

8　　12　　26　　37　　45　　56　　64　　72　　81　　89　　95
　　　　　　　　　　　　　　　　　　↑↑　　↑
　　　　　　　　　　　　　　　　low，mid high

此时 76>64，low=mid+1=8，待查区间变为[8,8]，求得 mid=8。

8　　12　　26　　37　　45　　56　　64　　72　　81　　89　　95
　　　　　　　　　　　　　　　　　　　　↑↑↑
　　　　　　　　　　　　　　　　low，mid，high

显然 76>72，待查区间变为 low=mid+1=9，high=8，此时 high<low，说明查找表中没有关键字值为 76 的记录，查找失败。

采用折半查找，当查找成功时，最少比较次数为一次最多经过 $\log_2 n$ 次比较之后，待查找子表要么为空，要么只剩下一个结点，所以要确定查找失败需要 $\log_2 n$ 次或 $\log_2 n+1$ 次比较。可以证明，折半查找的平均查找长度是：

$$\text{ASL}_{bs} = \sum_{i=1}^{n} P_i C_i = \frac{1}{n} \sum_{j=1}^{n} j \times 2^{j-1} = \frac{n+1}{n} \log_2(n+1) - 1$$

可见在查找速度上，折半查找比顺序查找速度要快得多，这是它的主要优点。

折半查找要求查找表按关键字有序，而排序是一种很费时的运算；另外，折半查找要求表是顺序存储的，为保持表的有序性，在进行插入和删除操作时，都必须移动大量记录。因此，折半查找的高查找效率是以牺牲排序为代价的，它特别适合于一经建立就很少移动而且又经常需要查找的线性表。

# 8.3 分块查找

分块查找又称索引顺序查找，它是一种性能介于顺序查找和二分查找之间的查找方法，它适合于对关键字"分块有序"的查找表进行查找操作。

所谓"分块有序"是指查找表中的记录可按其关键字的大小分成若干"块"，且"前一块"中的最大关键字小于"后一块"中的最小关键字，而各块内部的关键字不一定有序。假设这种排序是按关键字值递增排序的，抽取各块中的最大关键字及该块的起始位置构成一个索引表，按块的顺序存放在一个数组中，显然这个数组是有序的，一般按升序排列。

分块查找需两个表，索引表和查找表，查找过程为：先确定待查元素所在的块，然后在块中顺序查找，因为索引表是有序的，所以确定块的查找用顺序查找和折半查找，但块中元素是任意的，所以在块中只能用顺序查找。

分块有序表的索引存储表示如图 8-3 所示。

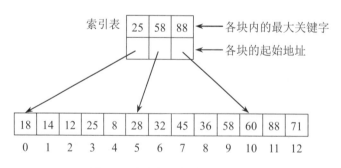

图 8-3　分块有序表的索引存储表示

例如，在上述索引顺序表中查找 36。首先将 36 与索引表中的关键字进行比较，因为 $25 < 36 \leqslant 58$，所以 36 在第二个块中，进一步在第二个块中顺序查找，最后在 8 号单元中找到 36。

1. 分块查找数据类型定义

索引表的定义：

```
struct idtable
{    int    key;
     int    addr;
  };
struct idtable    ID[b];         /*b 为块数*/
```

2. 具体算法

```
int blksearch (int R[],struck idtable ID[],int k)
{    int   i,low1,low2,high1,high2,mid;        /*low1、high1 为索引表的区间下、上界*/
     low1=0;      high1=b-1;                   /*b 为块数*/
     while (low1<=high1)
     {   mid=(low1+high1)/2;
         if (k<=ID[mid].key)
              high1=mid-1;
         else
              low1=mid+1;       }             /*查找完毕，low1 存放找到的块号*/
     if(low1<b)
     {   low2=ID[low1].addr;                  /*low2 为块在表中的起始地址*/
         if(low1==b-1)
              high2=N-1;                       /*N 为查找表的长度，high2 为块在表中的末地址*/
         else
              high2=ID[low1+1].addr-1;
              for(i=low2;i<=high2;i++)         /*在块内顺序查找*/
                   if(R[i].key==k)
                        return(i);
     }
     else                                      /*若 low1>=b，则 k 大于查找表 R 中的所有关键字*/
         return(0);
}
```

由于分块查找实际上是两次查找过程，所以分块查找的平均查找长度是：查找索引表确定给定值所在块内的平均查找长度 $ASL_b$ 与在块内查找关键值的平均查找长度 $ASL_s$ 之和，即 $ASL=ASL_b+ASL_s$。

若用顺序查找确定所在块，则分块查找成功时的平均查找长度为：

$$ASL = \frac{1}{b}\sum_{j=1}^{b}j + \frac{1}{s}\sum_{i=1}^{s}i = \frac{b+1}{2} + \frac{s+1}{2} = \frac{b+s}{2} + 1 \overset{b=n/s}{=} \frac{1}{2}\left(\frac{n}{s}+s\right)+1$$

若用二分查找确定所在块，则分块查找成功时的平均查找长度为：

$$ASL = \log_2(b+1) - 1 + \frac{s+1}{2} \approx \log_2\left(\frac{n}{s}+1\right) + \frac{s}{2}$$

可以看出分块查找的平均查找长度位于顺序查找和折半查找之间。

下面简单地对以上几种查找方法做出比较：

（1）平均查找长度：折半查找最小，分块查找次之，顺序查找最大。

（2）表的结构：顺序查找对有序表、无序表均适用；折半查找仅适用于有序表；分块查找要求表中元素是逐段有序的，就是块与块之间的记录按关键字有序，块内可以无序。

（3）存储结构：顺序查找和分块查找对向量和线性链表结构均适用；折半查找只适用于向量存储结构的表，因而要求表中元素基本不变，而在需要插入或删除运算时，要移动元素，才能保持表的有序性，所以影响了查找效率。

# 8.4　哈希表

前面介绍的三种查找算法基本上都是建立在"比较"的基础上：通过对关键字的一系列比较，逐步缩小查找范围，直到确定结点的存储位置或确定查找失败，查找所需的时间总是与比较次数有关。

如果将记录的存储位置与它的关键字之间建立一个确定的关系 H，使每个关键字和一个唯一的存储位置相对应，在查找时，只需要根据对应关系计算出给定的关键字值 key 对应的值 H(key)，就可以得到记录的存储位置，这就是哈希表查找方法的基本思想。

假定某教室有 35 个座位，如果不加限定让学生任意就座，则要找某个学生时就要将待找学生与当前座位上的学生一一做比较，这就是前面所介绍的查找方法。而哈希法则要限定学生所坐的位置，比如可规定学生座位的编号应与其学号的末两位相同，这样要找某个学生时只需根据其学号的末两位到相应座位上去找即可，不必一一比较了。在这个例子里，学生好比记录，学号则为关键字 key，对关键字值 key 进行的操作则是取其末两位，用以确定记录的位置。

## 8.4.1　哈希表和哈希函数的概念

散列（Hashing），音译为哈希，是一种重要的存储方法，也是一种常见的查找方法。它是指在记录的存储位置和它的关键字之间建立一个确定的对应关系，使每个关键字和存储结构中一个唯一的存储位置相对应。

用记录的关键字作为自变量，通过一个确定的函数 H，计算出相应的函数值 H(k)，然后以 H(k)作为该记录的存储地址，用这种方式建立起来的查找表称为哈希表，哈希表又称 Hash 表、散列表。换句话说，哈希表是通过对记录的关键字进行某种计算来确定该记录的存储位置的一种查找表。

哈希表的基本思想是：首先在元素的关键字 k 和元素的存储位置 p 之间建立一个对应关系 H，使得 p=H(k)，H 称为哈希函数。创建哈希表时，把关键字为 k 的元素直接存入地址为 H(k)的单元；当查找关键字为 k 的元素时，再利用哈希函数计算出该元素的存储位置 p=H(k)，从而达到按关键字直接存取元素的目的。

哈希表是由哈希函数生成的表示关键字与存储位置之间关系的表。哈希函数是一个以关键字值为自变量，在关键字值与记录存储位置之间建立确定关系的函数。

哈希函数的值就是给定关键字对应的存储地址，即哈希地址。当对记录进行查找时，根据给定的关键字值，用同一个哈希函数计算出给定关键字值对应的存储地址，随后进行访问。所以哈希表既是一种存储形式又是一种查找方法，通常将这种查找方法称为哈希查找。

【例 8.2】假设要建立一个某个班级 30 个人的基本信息表，每个人为一个记录，记录的基本信息有：编号、姓名、性别、学历等，其中这 30 个人的姓名分别简写为（Liu，Feng，Li，Wang，Chen，Han，Yu，Dai，……）。可以用一个长度为 30 的一维数组来存放这些人的信息。

如果以姓名为关键字，设哈希函数为取姓名第一个字母在字母表中的序号，则各记录在表中的存储位置如表 8-1 所示。

表 8-1　记录的存储

| key | Liu | Feng | Li | Wang | Chen | Han | Yu | Dai |
|---|---|---|---|---|---|---|---|---|
| 存储的位置 | 12 | 6 | 12 | 23 | 3 | 8 | 25 | 4 |

根据该哈希函数构建的哈希表如表 8-2 所示。

表 8-2　哈希表

| 1 | 2 | 3 | 4 | 5 | 6 | 7 | 8 | … | 12 | … | 23 | 24 | 25 | … |
|---|---|---|---|---|---|---|---|---|---|---|---|---|---|---|
| … | … | Chen | Dai | | Feng | … | Han | … | Li、Liu | … | Wang | | Yu | … |

可以看见表 8-2 的哈希表中 12 的位置存放的姓有两个 Li 和 Liu，他们的哈希值一样，但是关键字缺并不相同。对于 n 个数据元素的集合，一般总能找到关键字与存放地址一一对应的函数。但当 key1≠key2，而 Hash(key1)=Hash(key2)时，即将不同的关键字映射到同一个哈希地址上，这种现象称为冲突，映射到同一哈希地址上的关键字称为同义词。

实际上冲突是不可避免的，因为关键字的取值集合远远大于表空间的地址集合，只能尽量减少冲突的发生。在构造哈希函数时，主要面临两个问题：一是构造较好的哈希函数，把关键字集合中元素尽可能均匀地分布到地址空间中去，减少冲突的发生；二是找到解决冲突的方法。

## 8.4.2　哈希函数的构造方法

由于实际问题中的关键字多种多样，所以不可能构造出通用的哈希函数，但构造哈希函数应遵循如下原则：

（1）算法简单，运算量小。因为使用哈希方法的目的是提高查找的速度，若在计算一次 H(K)是使用大量的运算，就会抵消减少比较次数带来的好处。

（2）均匀分布，减少冲突。把冲突减少到最低限度，使函数值均匀地在指定的空间范围内散列开来，发挥哈希法的优越性。

常用的哈希函数的构造方法有直接定址法、数字分析法、除留余数法和平方取中法。

**1. 直接定址法**

直接定址法的设计思想是当关键字是整数时，用 key 本身或 key 的某个线性函数值作为其哈希地址。即：

$$H(key)=key \quad 或 \quad H(key)=a*key+b$$

其中 a、b 为常数，key 为记录的关键字。

【例 8.3】设有一个某年每月出生人口的统计表如表 8-3 所示。

表 8-3　人口出生统计表

| 月份 | 1 | 2 | … | 11 | 12 |
|---|---|---|---|---|---|
| 人数 | 200 | 560 | … | 257 | 345 |

若选取哈希函数：Hash(key)= key，其中 key 取"年月份"，则建立的哈希表如表 8-4 所示。

表 8-4　人口出生哈希表

| 地址 | 1 | 2 | … | 11 | 12 |
|---|---|---|---|---|---|
| 月份 | 1 | 2 | … | 11 | 12 |
| 人数 | 200 | 560 | … | 257 | 345 |

这种方法所得地址集合与关键字集合大小相等，不会发生冲突。这种方法适用于给定的一组关键字为关键字集合中全体元素，若不是全体关键字，则必有某地址单元空闲。然而在实际中能用这种哈希函数的情况很少。

**2. 数字分析法**

数字分析法也称为特征位抽取法，适用于所有关键字事先已经知道的情况，将各关键字列出，分析每一关键字每位数码的分布情况，舍去关键字值较为集中的位，只保留值分散的位作为哈希地址。

【例 8.4】设有 100 条记录，记录的关键字为 7 位十进制数，如表 8-5 所示。

表 8-5　关键字为 7 位数的十进制记录

| key | H(key) |
|---|---|
| … | … |
| 1437815 | 15 |
| 1427926 | 26 |
| 1438037 | 37 |
| 1437848 | 48 |
| 1437959 | 59 |
| … | … |

通过分析表中的关键字，发现前 2 位均为 14，第 4、5 位多为 7、8、9 三个数，第 3 为多为 3，因此这五位不可取，可以考虑取第 6、7 位作为哈希地址。

数字分析法适用于关键字集中的集合，且关键字是事先知道的，分析工作可编一个简单的程序在计算机上实现，无需人工完成。由于数字分析法需要事先知道各位上字符的分布情况，因此大大限制了它的实用性。

### 3. 除留余数法

除留余数法采用模运算 Mod，将关键字被某个不大于哈希表表长 m 的数 P 整除后所得余数为哈希地址。即：

H(K)=K mod P，P<=m

【例 8.5】设哈希表长度为 100，则可取 p 为 97，表 8-6 所示是利用 p 去除关键字，用所得余数作为哈希地址。

表 8-6　除留余数法

| key | H(key)=key%97 |
| --- | --- |
| 814 | 38 |
| 2046 | 9 |
| 3046 | 39 |
| 4170 | 96 |
| 5508 | 76 |

这是一种简单常用方法，此法的关键是进行的 p 的选择，选择不好，易产生冲突。如果选择关键字内部代码基数的幂次来除关键字，其结果必定是关键字的低位数字均匀性较差。若取 p 为任意偶数，则当关键字内部代码为偶数时，得到的哈希函数值为偶数；若关键字内部代码为奇数，则哈希函数值为奇数。因此 p 为偶数也是不好的。理论分析和试验结果均证明 p 应取小于存储区容量的素数。

### 4. 平方取中法

如果关键字的所有各位分布都不均匀，则可取关键字的平方值的中间若干位作为哈希表的地址。由于一个数的平方值的中间几位数受该数所有位影响，因此得到的哈希地址的分布均匀性要好一些，冲突要少一些。

【例 8.6】设有一组关键字为 AB、BC、CD、DE、EF，其相应的机内码分别为 0102、0203、0304、0405、0506，假设可利用的地址空间为两位的十进制整数，则利用平方取中法得到的哈希地址如表 8-7 所示。

平方取中法适于不知道全部关键字情况，并且常用此法求取哈希函数。通常在选定哈希函数时不一定能知道关键字的全部情况，取其中哪几位也不一定合适，而一个数平方后的中间几位数和数的每一位都相关。由此使随机分布的关键字得到的散列地址也是随机的。取的位数由表长决定。

表 8-7　平方取中法

| key | 机内码 | (机内码)2 | H(key) |
|---|---|---|---|
| AB | 0102 | 010404 | 04 |
| BC | 0203 | 041209 | 12 |
| CD | 0304 | 092416 | 24 |
| DE | 0405 | 164025 | 40 |
| EF | 0506 | 256036 | 60 |

构造哈希函数的方法很多，很难一概而论地评价其优劣，任何一种哈希函数都应该用实际数据去测试它的均匀性，才能做出正确的判断和结论。

### 8.4.3　冲突处理

发生冲突是指由关键字得到的散列地址的位置上已经存有记录，而"处理冲突"就是为该关键字的记录找到一个"空"的散列地址。在找空的散列地址时，可能还会产生冲突，这就需要再找"下一个"空的散列地址，直到不产生冲突为止。

下面介绍几种处理冲突的方法。

1.　开放地址法

"开放地址"指表中尚未被占用的地址。该方法的思想是：当发生冲突时，用某种方法形成一个探测下一地址的序列，沿着这个序列一个个查找，直到找到一个开放地址为止，将关键字所表示的记录存入该地址空间中。该方法利用下面的公式求"下一个"地址：

$H_i(key)=[H(key)+d_i] \% p$　　　$i=1,2,……,N<=m-1$

其中，$H_i(key)$为经过 i 次探测找到的关键字为 key 的记录的哈希地址，$H(key)$为哈希函数，p 为表的长度，$d_i$为每次再探测时的地址增量。

根据 $d_i$ 的不同，开放地址法又分为：

（1）$d_i=1$，2，3，……m-1，称为线性探测法。

（2）$d_i=1^2$，$-1^2$，$2^2$，$-2^2$，…，$k^2$，$-k^2$（$k \leqslant m/2$），称为二次探测法。

（3）$d_i=$伪随机序列（伪随机数生成器产生 $d_i$），称随机探测法。

开放地址法一般形式的函数表示

```
int Hash(KeyType k,int i)
{
    return(h(K)+Increment(i))%m;
}
```

若哈希函数用除余法构造，并假设使用线性探测的开放定址法处理冲突，则上述函数中的 h(K)和 Increment(i)可定义为：

```
int h(KeyType K){
    return K%m;
}
int Increment(int i){
    return i;
}
```

通用的开放定址法的哈希表查找算法如下所示:

```
int HashSearch(HashTable T,KeyType K,int *pos)
{
    int i=0;
    do{
     *pos=Hash(K,i);
     if(T[*pos].key==K) return 1;
     if(T[*pos].key==NIL) return 0;
    }while(++i<m)
    return -1;
}
```

【例 8.7】一组关键字（16，46，32，40，70，27，42，36，24，49，64），设哈希表长度为15，哈希函数为：H(key)= key % 13，分别使用线性探测法和二次探测法解决冲突，构建相应的哈希表。

解：求解过程如下：

（1）用线性探测再散列法解决冲突，将关键字值代入哈希函数求取哈希地址。

H(16)=16%13=3；H(46)=46%13=7；H(32)=32%13=6；H(40)=40%13=1；H(70)=70%13=5；

H(27)=27%13=1，产生冲突，H1=(H(27)+d1)%15=(1+1)%15=2；

H(42)=42%13=3，产生冲突，H1=(H(42)+d1)%15=(3+1)%15=4；

H(36)=36%13=10；H(24)=24%13=11；

H(49)=49%13=10，产生冲突，H1=(H(49)+d1)%15=(10+1)%15=11，

仍有冲突，H2=(H(49)+d2)%15=(10+2)%15=12；

H(64)=64%13=12，产生冲突，H1=(H(64)+d1)%15=(12+1)%15=13。

所得哈希表如表8-8所示。

表 8-8　线性探测法所得哈希表

| 地址 | 0 | 1 | 2 | 3 | 4 | 5 | 6 | 7 | 8 | 9 | 10 | 11 | 12 | 13 | 14 |
|---|---|---|---|---|---|---|---|---|---|---|---|---|---|---|---|
| 关键字 | | 40 | 27 | 16 | 42 | 70 | 32 | 46 | | | 36 | 24 | 49 | 64 | |

（2）使用二次探测再散列法解决冲突，将关键字值代入哈希函数求取哈希地址。

H(16)=16%13=3；H(46)=46%13=7；H(32)=32%13=6；H(40)=40%13=1；H(70)=70%13=5；

H(27)=27%13=1，产生冲突，H1=(H(27)+d1)%15=(1+1)%15=2；

H(42)=42%13=3，产生冲突，H1=(H(42)+d1)%15=(3+1)%15=4；

H(36)=36%13=10；H(24)=24%13=11；

H(49)=49%13=10，产生冲突，H1=(H(49)+d1)%15=(10+1)%15=11，

仍有冲突，H2=(H(49)+d2)%15=(10-1)%15=9；

H(64)=64%13=12。

所得哈希表如表 8-9 所示。

表 8-9　二次探测法所得哈希表

| 地址 | 0 | 1 | 2 | 3 | 4 | 5 | 6 | 7 | 8 | 9 | 10 | 11 | 12 | 13 | 14 |
|------|---|---|---|---|---|---|---|---|---|---|----|----|----|----|----|
| 关键字 | | 40 | 27 | 16 | 42 | 70 | 32 | 46 | | | 36 | 24 | 49 | 64 | |

使用线性探测法处理冲突，可以保证只要哈希表未填满，总是能找到一个不发生冲突的地址；而使用二次探测法处理冲突，只有在哈希表长 m 为形如 4j+3（j 为整数）的质数时才总能确保找到一个不发生冲突的地址。使用随机探测再散列法，则取决于伪随机数列。

2. 链地址法

链地址法是经常使用且很有效的解决冲突的一种方法，它是在哈希表中每个记录位置增加一个指针域并把产生冲突的关键字所对应的记录采用链表结构链接在它的后面,即哈希表中的空位置不向冲突开放，而是采用动态链式存储结构将发生冲突的记录链接在同一链表中。

【例 8.8】已知一组关键字（32，40，36，53，16，46，71，27，42，24，49，64），哈希表长度为 13，按照哈希函数 H(key)=key%13 的链地址法处理冲突构造哈希表。

构造的哈希表如图 8-4 所示。

链地址算法：

```
# Define m 100;            /*表长*/
Struct node
{int key;
struct node * next;
}HT[m];
Void linkhash(struct node HT[ ],int k,int p)
{struct node * q,* r,* s;
 j=k%p;
 if(HT[j].key==0)
   {HT[j].key=k;
    HT[j].next=NULL;
   }
   else if(HT[j].key==k)
        printf("succ!%d,%d\n",j,k);
     else {q=HT[j].next;
           while(q!=NULL)&&(q->key!=k)
                {r=q;
```

```
                q=q->next;
            }
    if(q==NULL)
        {s=(struct node *)malloc(sizeof(struct node));
         s->key=k;
         s->next=NULL;
         r->next=s;
        }
    else printf("succ!%d,%d\n",j,k);
    }
}
```

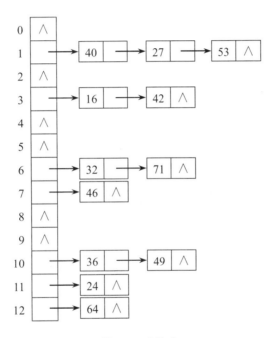

图 8-4　哈希表

### 3. 溢出区法

前面讲的线性探测法解决冲突的方法在于，将结点插入冲突位置之后的空的存储单元中，这样该结点就占据了别的结点的位置，会引起连锁反应，增加冲突机会。而溢出区法则是另外开辟一个新的存储单元，把发生冲突的结点顺序的插入到溢出区中去。因此，溢出区法将散列表分成了两个区域：基本区与溢出区。

【例 8.9】某散列表的基本区长度为 7，其间已放入 4 条记录，而溢出区长度为 5。现在要放入记录 R5，由 R5 的关键字经过哈希函数计算出的地址为 5，但第五号单元已被占据，则将 R5 放入溢出区的第一个单元中，如图 8-5 所示。

基本区

地址

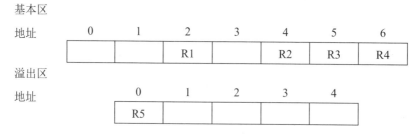

图 8-5　溢出区法

与线性探测法相比，溢出区法的空间浪费可能多一点，但查找速度比较快。

# 8.5　实训项目八　学生成绩修改系统

1．实训说明

建立一个学生成绩修改系统。利用分块查找算法在线性表 list 中查找给定值 key 的结点，并将该结点的部分数据进行修改。

2．程序分析

文件算法：建立待查找的数据文件 SCORE.TXT 的函数 creat()。

输入算法：在待查找的数据文件 SCORE.TXT 中找。

输出算法：将修改后的线性表（学生情况表）数据输出到文件 SCORE.TXT 中。

算法要点：分块查找的查找过程分两步进行：

（1）先在线性表中确定待查找的结点属于哪一块。由于块与块之间按关键字大小有序，因此块间查找可采用二分查找算法。

（2）在所确定的块内查找待查结点，由于块内结点即可无序亦可有序，因此，块内查找一般可采用顺序查找算法。找到指定结点后，按要求修改结点中的有关数据。

3．程序源代码

（1）数据结构。

1）学生的结点结构。

```
typedef struct
{
char    num[8],name[10];    //学生的学号、姓名
int age,chin,phy,chem,eng;    //学生的年龄，中文、物理、化学和英语成绩
} STUDENT;
```

2）线性表的结点结构。

```
typedef struct
{
keytype key[8];  //关键字
```

```
STUDENT stu;
} TABLE;
```

3）索引表的结点结构。

```
typedef struct
{
keytype key[8];
int low,high;
} INDEX;
```

（2）算法。

1）输入算法。

从 SCORE.TXT 文件中读出数据、建立线性表及索引表可通过调用函数 readtxt(void)完成。

2）动态分块查找算法。

```
void modify (char *key,int kc,int cj)//kc 是课程号 cj 是成绩 key 是要找的学号
```

3）输出算法。

```
void writetxt(void)
```

4．源程序及注释

```
#include<stdio.h>
#include<stdlib.h>
#define M 18
#define B 3
#define S 6
typedef char datatype;
typedef char keytype;

typedef struct
{
  char   num[8],name[10];     //学生的学号、姓名
  int age,chin,phy,chem,eng;  //学生的年龄，中文、物理、化学和英语成绩
} STUDENT;
STUDENT stud[M];

typedef struct
{
  keytype key[8];             //存放一位学生的关键字
  STUDENT stu;                //学生信息
} TABLE;

typedef struct
{
  keytype key[8];             //索引表的关键字记录学生的一项数据
  int low,high;               //索引表是以块来存放的，这就要求记录每块的内容在线性表里的范围，
                              //以节约查找时间
```

```
} INDEX;

TABLE list[M];               //说明线性表变量
INDEX inlist[B];             //索引表变量

  int save()
  {FILE *fp;
  int i;
  if((fp=fopen("score.txt","wb"))==NULL)
  {
      printf("不能打开文件\n");
      return 0;
  }
  printf("\n 文件的内容是\n\n");
  for(i=0;i<M;i++)             //将从键盘输入的数据通过结构体变量 stud 输出到制定文件中，
                              并输出到屏幕上方便查看
      {
          fprintf(fp," %s ",stud[i].num);      //学号
          printf(" %s ",stud[i].num);
          fprintf(fp," %s ",stud[i].name);
          printf(" %s ",stud[i].name);
          fprintf(fp," %d ",stud[i].chin);
          printf(" %d ",stud[i].chin);
          fprintf(fp," %d ",stud[i].phy);
          printf(" %d ",stud[i].phy);
          fprintf(fp," %d ",stud[i].chem);
          printf(" %d ",stud[i].chem);
          fprintf(fp," %d ",stud[i].eng);
          printf(" %d ",stud[i].eng);
          fprintf(fp,"\n");
          printf("\n");
      }
      fclose(fp);
}
void creat()
{
    int i;
    for(i=0;i<M;i++)
    { scanf("%s%s%d%d%d%d",stud[i].num,stud[i].name,
            &stud[i].chin,&stud[i].phy,&stud[i].chem,&stud[i].eng);
    }
    save();

}
void readtxt(void)                      //构造线性表 list 及索引表 inlist
{
```

```
        FILE *fp;
        int i,d;
        char max[8];
        fp=fopen("score.txt","r");          //以只读方式打开 SCORE.TXT 文件
        for(i=0;i<M;i++)                     //将 SCORE.TXT 中的 M 个数据输到线性表 list 中
        {
            fscanf(fp,"%s",list[i].stu.num);     //从文件 SCORE.TXT 中输入第 i 个学生的学号
            fscanf(fp,"%s",list[i].stu.name);    //从 SCORE.TXT 中输入第 i 个学生的姓名
            fscanf(fp,"%d",&list[i].stu.chin);   //从 SCORE.TXT 中输入第 i 个学生的中文成绩
            fscanf(fp,"%d",&list[i].stu.phy);    //从 SCORE.TXT 中输入第 i 个学生的物理成绩
            fscanf(fp,"%d",&list[i].stu.chem);   //从 SCORE.TXT 中输入第 i 个学生的化学成绩
            fscanf(fp,"%d",&list[i].stu.eng);    //从 SCORE.TXT 中输入第 i 个学生的英语成绩
            strcpy(list[i].key,list[i].stu.num); //将第 i 个学生的学号设为关键字
        }
        for(i=0;i<B;i++)                     //构造索引表 inlist，B 是线性表的块数
    {
        inlist[i].low=i+(i*(S-1));           //每块内结点数为 S
        inlist[i].high=i+(i+1)*(S-1);
    }
        strcpy(max,list[0].stu.num);         //将第 0 个学生的学号复制到数组 max 中
    d=0;
    for(i=1;i<M;i++)
    {
        if(strcmp(max,list[i].stu.num)<0)    //串 max 小于串 list[i].stu.num
            strcpy(max,list[i].stu.num);     //将大的串放到 max 中，这是在线性表的一块中找
        if((i+1)%6 == 0 )
    {
            strcpy(inlist[d].key,max); d++;  //将索引表中第 d 个元素的 inlist[d].key
            if(i<M-1)                        //设为线性表中第 d 个块的学号的最大值
    strcpy(max,list[i+1].stu.num);           //将线性表中的下一块的第一个学生的学号
    i++;                                     //复制到 max 中，去求该块中的最大学号
    }
    }
        fclose(fp);                          //关闭 SCORE.TXT 文件
    }

    void modify (char *key,int kc,int cj)    //kc 是课程号 cj 是成绩 key 是要找的学号
    {
        int low1=0,high1=B-1,mid1,i,j;
        int flag=0;
        while(low1<=high1 && !flag)
        {
            mid1=(low1+high1)/2;             //在索引表中求中间块位置
            if (strcmp(inlist[mid1].key,key)==0)  //中间块的关键字值与要找的键值相比较
                flag=1;                      //找到了
            else if(strcmp(inlist[mid1].key,key)>0)  //到前边的块内查找
```

```
                    high1=mid1-1;
            else    low1=mid1+1;                    //到后边的块内查找
       }
     if (low1<B)                                    //以下是在所找到的块内查找
     {
        i=inlist[low1].low;
j=inlist[low1].high;
     }
     while(i<j && strcmp(list[i].key,key))
        i++;                                        //在块内找学号相符的学生，可能找到，也可能找不到
     if(strcmp(list[i].key,key)==0)                 //找到了，根据所给的学号去修改相应的成绩
        if(kc==1)
          list[i].stu.chin=cj;
        else if(kc==2)
          list[i].stu.phy=cj;
             else if(kc==3)
                  list[i].stu.chem=cj;
                  else if(kc==4)
                       list[i].stu.eng=cj;
}
void writetxt(void)
{
   FILE *fp; int i;
   fp=fopen("score.txt","w");                       //以写方式打开 SCORE.TXT 文件
for(i=0;i<M;i++)                                     //将修改后的数据输出到 SCORE.TXT 文件中
{
   fprintf(fp,"%s ",list[i].stu.num);
   fprintf(fp,"%s ",list[i].stu.name);
   fprintf(fp,"%d ",list[i].stu.chin);
   fprintf(fp,"%d ",list[i].stu.phy);
   fprintf(fp,"%d ",list[i].stu.chem);
   fprintf(fp,"%d ",list[i].stu.eng);
   fprintf(fp,"\n");
   printf("%s ",list[i].stu.num);
   printf("%s ",list[i].stu.name);
   printf("%d ",list[i].stu.chin);
   printf("%d ",list[i].stu.phy);
   printf("%d ",list[i].stu.chem);
   printf("%d ",list[i].stu.eng);
   printf("\n");
   }
  fclose(fp);                                       //关闭 SCORE.TXT 文件
}

int main( )
{
```

```
int kc,cj;
char key[8];
int x;
printf("********************\n");
printf("      本程序是从文件中查找到一个数据并进行修改！\n\n");
printf("********************\n\n");
do
  {
      printf("********************\n");
      printf("x=1  建立文件!\n");
      printf("x=2  修改文件！\n");
      printf("x=0  退出");
      printf("注意：如果还没有建立文件是不能操作的！\n\n");
      printf("********************\n\n");
      do
        {
            fflush(stdin);
            printf("请输入 x 的值：");
            scanf("%d",&x);
            if((x!=1)&&(x!=2)&&(x!=0))
                {   printf("请输入正确的 x 的值！\n\n");}
        }while((x!=1)&&(x!=2)&&(x!=0));

      switch(x)
          { case 1:
                  printf("\t 文件的建立与输出\n");
                  printf("建立的数据文件的内容是：\n\n");
                  creat();                      //创建数据文件 SCORE.TXT
                  printf("\n\n");
                  break;


          case 2:
                  printf("\t 对文件进行修改：\n");
                  printf("请输入欲修改成绩的学生学号！\n");   //输入要修改的学生学号
                    scanf("%s",key);
                    printf("选择欲修改的成绩课程：语文(1)物理(2)化学(3)英语(4)：");
                    //输入要修改的课程
                    scanf("%d",&kc);
                    printf("输入该课程的修改成绩");              //输入该课程的修改成绩
                    scanf("%d",&cj);
                    readtxt();
                    modify(key,kc,cj);
                    printf("\n 修改后的数据为：\n\n");
                    writetxt();
                    printf("\n\n");
```

```
                    break;
                }

        }while(x!=0);
printf("\t 再见！\n");
}
```

运行结果如图 8-6 所示。

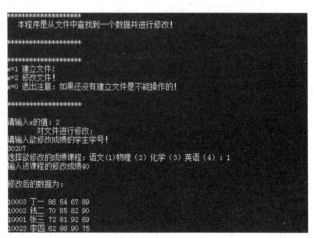

图 8-6　学生成绩修改

本章小结

　　本章学习了有关查找的基本内容。查找不是一种数据结构，而是基于数据结构的辅助性运算，在计算机的实用系统中占有很重要的地位。本章所涉及的基本概念如下：

　　查找：根据给定的某个值，在表中确定一个关键字等于给定值的记录或数据元素。

　　关键字（Keyword）：一个或一组能唯一标识该记录的数据项称为该记录的关键字。

　　平均查找长度（Average Search Length）：为确定记录在表中的位置所进行的和关键字的比较的次数的期望值称之为查找算法的平均查找长度，简称 ASL。

　　有序表：表中的各元素按关键字的值有序（升序或降序）存放。

　　哈希表：将结点的关键字 key 作为自变量，通过一个确定的函数关系 H，计算出相应的函数值 H(key)，然后以 H(key)作为该结点的存储单元地址。用这种方式建立起来的线性表称为哈希表或叫散列表。

　　哈希函数：把结点关键字转换为该结点存储单元地址的函数 H 称为哈希函数或叫散列函数。

　　在学习这些概念的基础上，先后学习了三种基于将待查元素的关键字和表中元素的关键字进行比较的查找算法，即顺序查找、折半查找和分块查找，并对它们做出比较。也学习了一种不同的查找算法，即哈希法，它的基本思路是：在记录的存储位置和它的关键字之间建立一个确定的对应关系，使得每个关键字和表中一个唯一的存储位置相对应，这样查找时只需对结点的关键字进行某种运算就能确定结点在表中的位置，其间了解了如何构造哈希函数和如何解决冲突问题。读者应熟悉各种查找算法的思路、算法及性能分析，以灵活应用于各种实际问题中。

查找算法比较查找算法没有绝对的好与坏，每种算法都有自己的优劣，也有不用的局限性。

 习题八

1．设一组有序的记录关键字序列为（13，18，24，35，47，50，62，83，90），查找方法用折半查找，要求计算出查找关键字 62 时的比较次数。

2．已知线性表为（36，15，40，63，22），散列用的一维地址空间为[0..6]，假定选用的哈希函数是 H(K)=K mod 7，若发生冲突采用线性探测法处理，试计算出每一个元素的散列地址并在写出散列表：

3．设哈希表的地址范围是[ 0..9 ]，哈希数为 H(key)= (key2+2)mod 9，并采用链地址法处理冲突，请画出元素 7、4、5、3、6、2、8、9 依次插入散列表的存储结构。

4．用 C 语言改写折半查找过程，使其成为递归过程并上机验证。

5．设单链表的结点是按关键字从小到大排列的，试写出对此链表的查找算法，并说明是否可以采用折半查找。

6．已知关键字集合{2，3，15，8，1，25，16，35，9，22，30，39，18，33，27，26}，按平均查找长度 ASL 最小的原则，画出分块存储示意图。

# 9

# 排序

 本章学习导读

　　本章介绍了排序的定义和各种排序方法。详细介绍了各种方法的排序过程、依据的原则、时间复杂度。

　　排序方法"稳定"或"不稳定"的含义，弄清楚在什么情况下要求应用的排序方法必须是稳定的。

## 9.1　插入排序

　　插入排序的基本思想是：每次将一个待排序的记录，按其关键字大小插入到前面已经排好序的表中的适当位置，直到全部记录插入完成为止。也就是说，将待排序的表分成左右两部分，左边为有序表（有序序列），右边为无序表（无序序列）。整个排序过程就是将右边无序表中的记录逐个插入到左边的有序表中，构成新的有序序列。根据不同的插入方法，插入排序算法可以分为线性插入排序和折半插入排序。

### 9.1.1　线性插入排序

　　线性插入排序是所有排序方法中最简单的一种排序方法。其基本原理是顺序地从无序表中取出记录 $R_i$（$1 \leqslant i \leqslant n$），与有序表中记录的关键字逐个进行比较，找出其应该插入的位置，再将此位置及其后的所有记录依次向后顺移一个位置，将记录 $R_i$ 插入其中。

　　假设待排序的 n 个记录为 $\{R_1, R_2, \cdots, R_n\}$，初始有序表为 $[R_1]$，初始无序表为 $[R_2, \cdots, R_n]$。当插入第 i 个记录 $R_i$（$2 \leqslant i \leqslant n$）时，有序表为 $[R_1, \cdots, R_{i-1}]$，无序表为 $[R_i, \cdots, R_n]$。将关键字 $K_i$ 依次与 $K_1, K_2, \cdots, K_{i-1}$ 进行比较，找出其应该插入的位置，将该位置及其以后的记录向后顺移，插入记录 Ri，完成序列中第 i 个记录的插入排序。当完成序列中第 n 个记录

$R_n$ 的插入后，整个序列排序完毕。

线性插入排序的算法如下：

```
void Insert_Sort(SqList L)          /*对顺序表 L 作直接插入排序*/
{ int i,j;
    for(i=2;i<=L.length;i++){        //i 表示待插入元素的下标
        L.R[0]=L.R[i];              //设置监视哨保存待插入元素，腾出 R[i]空间
        j=i-1;                      //j 指示当前空位置的前一个元素
        while(L.R[0].key<L.R[j].key){  //搜索插入位置并后移腾出空间
            L.R[j+1]=L.R[j];
            j--;
        }
        L.R[j+1]=L.R[0];            //插入元素
    }
} //Insert_Sort
```

最开始有序表中只有 1 个记录 R[1]，然后将 R[2]~R[n]的记录依次插入到有序表中，总共要进行 n-1 次插入操作。首先从无序表中取出待插入的第 i 个记录 R[i]，暂存在 R[0]中；然后将 R[0].key 依次与 R[i-1].key，R[i-2].key，…进行比较，如果 R[0].key<R[i-j].key（1≤j≤i-1），则将 R[i-j]后移一个单元；如果 R[0].key≥R[i-j].key，则找到 R[0]插入的位置 i-j+1（此位置已经空出），将 R[0] (即 R[i])记录直接插入。用同样的方法完成后面的记录 R[i+1]的插入排序，直到最后完成记录 R[n]的插入排序，整个序列变成按关键字非递减的有序序列为止。在搜索插入位置的过程中，R[0].key 与 R[i-j].key 进行比较时，如果 j=i，则循环条件 R[0].key<R[i-j].key 不成立，从而退出。在这里 R[0]起到了监视哨的作用，避免了数组下标的出界。

【例 9.1】假设有 7 个待排序的记录，它们的关键字分别为{49，27，65，97，76，13，27}，用线性插入法进行排序。

解：线性插入排序过程如图 9-1 所示。括号{}中为已排好序的记录的关键字，有两个记录的关键字都为 27，为表示区别，将后一个 27 用下划线标记。

整个算法执行 for 循环 n-1 次，每次循环中的基本操作是比较和移动，其总次数取决于数据表的初始特性，可能有以下两种情况：

（1）当初始记录序列的关键字已是递增排列时，这是最好的情况。算法中 while 语句的循环体执行次数为 0，因此，在一趟排序中关键字的比较次数为 1，即 R[0]的关键字与 R[j]的关键字比较。而移动次数为 2，即 R[i]移动到 R[0]中，R[0]移动到 R[j+1]中。所以，整个排序过程中的比较次数和移动次数分别为(n-1)和 2(n-1)，因而其时间复杂度为 O(n)。

（2）当初始数据序列的关键字序列是递减排列时，这是最坏的情况。在第 i 次排序时，while 语句内的循环体执行次数为 i。因此，关键字的比较次数为 i，而移动次数为 i+1。所以，整个排序过程中的比较次数和移动次数分别为：

总比较次数

$$C_{max} = \sum_{i=2}^{n} i = \frac{(n-1)(n+2)}{2}$$

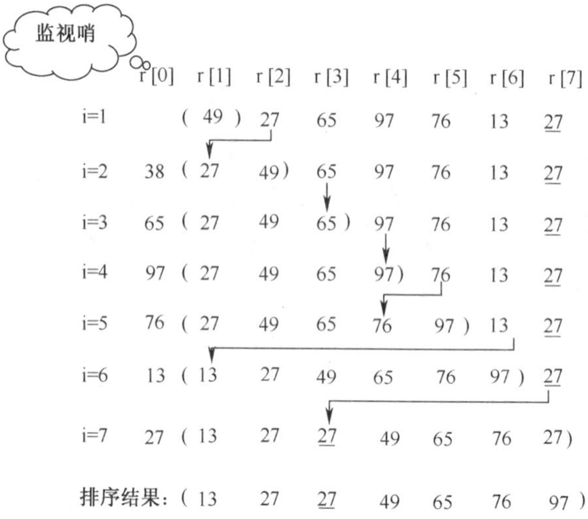

图 9-1 线性插入排序

总移动次数
$$M_{max} = \sum_{i=2}^{n}(i+1) = \frac{(n-1)(n+4)}{2}$$

　　一般情况下，可认为出现各种排列的概率相同，可以证明，直接插入排序算法的平均时间复杂度为 $O(n^2)$。根据上述分析得知：当原始序列越接近有序时，该算法的执行效率就越高。

　　由于该算法在搜索插入位置时遇到关键字值相等的记录时就停止操作，不会把关键字值相等的两个数据交换位置，所以该算法是稳定的。

## 9.1.2 折半插入排序

　　所谓折半插入，与前面讲的一样，就是在插入 $R_i$ 时（此时 $R_1$，$R_2$，…，$R_{i-1}$ 已排序），取 $R_{\lfloor i/2 \rfloor}$ 的关键字 $K_{\lfloor i/2 \rfloor}$ 与 $K_i$ 进行比较。如果 $K_i<K_{\lfloor i/2 \rfloor}$，$R_i$ 的插入位置只能在 $R_1$ 和 $R_{\lfloor i/2 \rfloor}$ 之间，则在 $R_1$ 和 $R_{\lfloor i/2 \rfloor}-1$ 之间继续进行折半查找；如果 $K_i>K_{\lfloor i/2 \rfloor}$，则在 $R_{\lfloor i/2 \rfloor}+1$ 和 $R_{i-1}$ 之间进行折半查找。如此反复直到最后确定插入位置为止。折半查找的过程是以处于有序表中间位置记录的关键字 $K_{\lfloor i/2 \rfloor}$ 和 $K_i$ 比较，每经过一次比较，便可排除一半记录，把可插入的区间缩小一半，故称为折半。

　　设置初始指针 low，指向有序表的第一个记录，尾指针 high，指向有序表的最后一个记录，中间指针 mid 指向有序表中间位置的记录。每次将待插入记录的关键字与 mid 位置记录的关键字进行比较，从而确定待插入记录的插入位置。折半插入排序算法如下：

```
void Insert_HalfSort(SqList L)          //对顺序表 R 作折半插入排序
{ int i,j,low,high,mid;
for(i=2; i<=L.length; i++){
L.R[0]=L.R[i];                          //L.R[0]为监视哨，保存待插入元素
low=1;
```

```
high=i-1;                              //设置初始区间
while(low<=high){                      //该循环语句完成确定插入位置
    mid=(low+high)/2;
        if(L.R[0].key>L.R[mid].key) low=mid+1;   //在后半部分中插入位置
        else high=mid-1;               //在前半部分中插入位置
}
        for(j=i-1;j>=high+1;--j)       //high+1 为插入位置
        L.R[j+1]=L.R[j];               //后移元素，空出插入位置
        L.R[high+1]=L.R[0];            //将元素插入
    }
} //Insert_halfSort
```

折半插入所需的关键字比较次数与待排序的记录序列的初始排列无关，仅仅和记录个数有关。在插入第 i 个记录时，要确定插入的位置关键字的比较次数为。因此用折半插入排序，进行的关键字比较次数为：

$$\sum_{i=1}^{n-1}(\lfloor \log_2 i \rfloor+1)=\underbrace{1}_{2^0}+\underbrace{2+2}_{2^1}+\underbrace{3+3+3+3}_{2^2}+\underbrace{4+\cdots+4}_{2^3}+\cdots+\underbrace{k+k+\cdots+k}_{2^{k-1}}$$

$$=(1+2+2^2+\cdots+2^{k-1})+(2+2^2+\cdots+2^{k-1})+(2^2+\cdots+2^{k-1})+\cdots+2^{k-1}$$

$$=\sum_{i=1}^{k}\sum_{j=i}^{k}2^{j-1}=\sum_{i=1}^{k}2^{i-1}(1+2+2^2+\cdots+2^{k-i})=\sum_{i=1}^{k}2^{i-1}(2^{k-i+1}-1)$$

$$=\sum_{i=1}^{k}(2^k-2^{i-1})=k\cdot 2^k-\sum_{i=1}^{k}2^{i-1}=k\cdot 2^k-2^k+1=n\cdot\log_2 n-n+1$$

$$\approx n\cdot\log_2 n$$

可见，折半插入排序所需的比较次数比线性插入排序的比较次数要少，但两种插入排序所需的辅助空间和记录的移动次数是相同的。因此，折半插入排序的时间复杂度为 $O(n^2)$。

# 9.2 希尔排序

希尔排序（shell 排序）是 Donald L. shell 在 1959 年提出的排序算法，又称缩小增量排序（递减增量排序），是对直接插入排序的一种改进，在效率上有很大提高。

希尔排序的基本思想是：先将原记录序列分割成若干子序列（组），然后对每个序列分别进行直接插入排序，经几次这个过程后，整个数据序列中的记录元素"排列"几乎有序，再对整个记录序列进行一次直接插入排序,此法的关键是如何分组。为了将序列分成若干个子序列，首先要选择严格的递减序列。

先从一个具体的例子来看希尔排序是如何执行的。

【例 9.2】假设待排序文件有 10 个记录，其关键字分别是：49，38，65，97，76，13，27，49′，55，04。增量序列取值依次为：5，3，1。

第一趟排序：$d_1=5$，整个文件被分成 5 组：$(R_1, R_6)$，$(R_2, R_7)$，…，$(R_5, R_{10})$ 各组中的第 1 个记录都自成一个有序区，我们依次将各组的第 2 个记录 $R_6$，$R_7$，…$R_{10}$ 分别插入到各组的有序区中，使文件的各组均是有序的，其结果见图 9-2 的第七行。

第二趟排序：$d_2=3$，整个文件被分为三组：$(R_1, R_4, R_7, R_{10})$，$(R_2, R_5, R_8)$，$(R_3, R_6, R_9)$，各组的第 1 个记录仍自成一个有序区，然后依次将各组的第 2 个记录 $R_4$，$R_5$，$R_6$ 分别插入到该组的当前有序区中，使得 $(R_1, R_4)$，$(R_2, R_5)$，$(R_3, R_6)$ 均变为新的有序区，接着依次将各组的第 3 个记录 $R_7$，$R_8$，$R_9$ 分别插入到该组当前的有序区中，又使得 $(R_1, R_4, R_7)$，$(R_2, R_5, R_8)$，$(R_3, R_6, R_9)$ 均变为新的有序区，最后将 $R_{10}$ 插入到有序区 $(R_1, R_4, R_7)$ 中就得到第二趟排序结果。

第三趟排序：$d_3=1$，即是对整个文件做直接插入排序，其结果即为有序文件。

排序过程如图 9-2 所示。

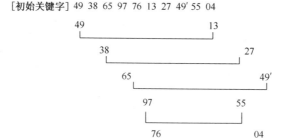

[初始关键字] 49 38 65 97 76 13 27 49′ 55 04

一趟排序结果：13 27 49′ 55 04 49 38 65 97 76

二趟排序结果：13 04 49′ 38 27 49 55 65 97 76

三趟排序结果：04 23 27 38 49′ 49 55 65 76 97

图 9-2 希尔排序

设某一趟希尔排序的增量为 h，则整个文件被分成 h 组：$(R_1, R_{h+1}, R_{2h+1}, \cdots)$，$(R_2, R_{h+2}, R_{2h+2}, \cdots)$，…，$(R_h, R_{2h}, R_{3h}, \cdots)$，因为各组中记录之间的距离均为是 h，故第 1 组至第 h 组的哨兵位置依次为 1-h，2-h，…，0。如果像直接插入排序算法那样，将待插入记录 $R_i$（$h+1 \leqslant i \leqslant N$）在查找插入位置之前保存到监视哨中，那么必须先计算 $R_i$ 属于哪一组，才能决定使用哪个监视哨来保存 $R_i$。为了避免这种计算，可以将 $R_i$ 保存到另一个辅助记录 X 中，而将所有监视哨 $R_{1-h}$，$R_{2-h}$，…，$R_0$ 的关键字，设置为小于文件中的任何关键字即可。因为增

量是变化的，所以，各趟排序中所需的监视哨数目也不相同，但是我们可以按最大增量 $d_1$ 来
设置监视哨。

从上面总结出希尔排序的算法如下：

```
struct node R[n+d1];              /*R[d₁-1]为 d₁ 个监视哨*/
int d[t];                         /*d[0]到 d[t-1]为增量序列*/
SHELLSORT(R,d)
struct node R[];
int d[ ];
{int i,j,k,h;
 struct node temp;
 int maxint=32767;                /*机器中最大整数*/
 for (i=0;i<d[0];i++)
    R[i].key=-maxint;             /*设置哨兵*/
    k=0;
    Do{
        h=d[k];                   /*取本趟增量*/
        for(i=h+d1;i<n+d1;i++)    /*R[h+d₁]到 R[n+d₁-1]插入当前有序区*/
           {temp=R[i]};           /*保存待插入记录 R[i]*/
            j=i-h;
             while(temp.key<R[j].key)  /*查找正确的插入位置*/
            {R[j+h]=R[j]};        /*后移记录*/
            j=j-h;                /*得到前一记录位置*/
            }
            R[j+h]=temp;          /*插入 R[i]*/
            }                     /*本趟排序完成*/
        k++;
    } while (h!=1);               /*增量为 1 排序后终止算法*/
    }                             /*SHELLSORT*/
```

希尔算法中初始增量 $d_1$ 为已知，并且采用简单的取增量值的方法，从第二次起取增量值
为其前次增量值的一半。在实际应用中，取增量的方法有多种，并且不同的方法对算法的时间
性能有一定的影响，因而一种好的取增量的方法是改进希尔排序算法时间性能的关键。

希尔排序开始时增量较大，分组较多，每组的记录数较少，故各组内直接插入过程较快。
随着每一趟中增量 $d_i$ 逐渐缩小，分组数逐渐减少，虽然各组的记录数目逐渐增多，但是由于
已经按 $d_{i-1}$ 作为增量排过序，使序列表较接近有序状态，所以新的一趟排序过程也较快。

希尔排序的时间复杂度与所选取的增量序列有关，是所取增量序列的函数，介于 $O(nlog_2n)$
和 $O(n^2)$ 之间。增量序列有多种取法，但应使增量序列中的值没有除 1 之外的公因子，并且增
量序列中的最后一个值必须为 1。从空间复杂度来看，与直接插入排序一样，希尔排序也只需
要一个记录大小的辅助空间。

在例 9.2 中两个相同关键字 49 在排序前后的相对次序发生了变化，显然希尔排序会使关
键字相同的记录交换相对位置，所以希尔排序是不稳定的排序方法。

Chapter 9

# 9.3 选择排序

选择排序是不断地从待排序的记录序列中选取关键字最小的记录，依次放到已排好序的子序列的最后，直到全部记录排好序。

选择排序的基本思想是：第一趟从所有的 n 个记录中，通过顺序比较各关键字的值，选取关键字值最小的记录与第一个记录交换；第二趟从剩余的 n-1 个记录中选取关键字值最小的记录与第二个记录交换；…，第 i 趟从剩余的 n-i+1 个记录中选取关键字值最小的记录，与第 i 个记录交换；…经过 n-1 趟排序后，整个序列就成为有序序列。

选择排序的具体实现过程如下：

（1）将整个记录序列划分为有序区和无序区，有序区位于最左端，无序区位于最右端，初始状态有序区为空，无序区中有未排序的所有 n 个记录。

（2）设置一个整型变量 index，用于记录一趟里面的比较过程中当前关键字值最小的记录位置。开始将它设定为当前无序区的第一个位置，即假设这个位置的关键字最小，然后用它与无序区中其他记录进行比较，若发现有比它的关键字小的记录，就将 index 修改为这个新的最小记录位置，随后再用 a[index].key 与后面的记录进行比较，并随时修改 index 的值，一趟结束后 index 中保留的就是本趟选择的关键字最小的记录位置。

（3）将 index 位置的记录交换到有序区的最后一个位置，使得有序区增加了一个记录，而无序区减少了一个记录。

（4）不断重复步骤 2 和 3，直到无序区剩下一个记录为止。此时所有的记录已经按关键字从小到大的顺序排列就位。

选择排序算法如下：

```
void select_sort(Sqlist L)        //对顺序表 L 作直接选择排序
{ int i,j,index;
for(i=1;i<=L.length-1;i++){        //做 n-1 趟选择排序
  index=i;                         //用 m 保存当前得到的最小关键字记录的下标，初值为 i
  for(j=i+1;j<=L.length;j++)
     if(L.R[j].key<L.R[index].key) index=j;     //记下最小关键字记录的位置
  if(index!=i){                    //交换 R[i] 和 R[m]
    L.R[0]=L.R[i];
    L.R[i]=L.R[index];
    L.R[index]=L.R[0];
    }
  }  //for
}  //select_sort
```

【例 9.3】假定 n=8，文件中各个记录的关键字为（47，36，64，95，73，11，27，47），其中有两个相同的关键字 47，后一个用下划线标记。

每次进行选择和交换后的记录排列情况如下所示，假设[…]为有序区，{…}为无序区。

初始关键字：{47　36　64　95　73　11　27　47}

第一趟排序后：[11] {36　64　95　73　47　27　47}

第二趟排序后：[11　27] {64　95　73　47　36　47}

第三趟排序后：[11　27　36] {95　73　47　64　47}

第四趟排序后：[11　27　36　47] {73　95　64　47}

第五趟排序后：[11　27　36　47　47] {95　64　73}

第六趟排序后：[11　27　36　47　47　64] {95　73}

第七趟排序后：[11　27　36　47　47　64　73] {95}

最后结果：　　[11　27　36　47　47　64　73　95]

由算法可以发现，不论关键字的初始状态如何，在第 i 趟排序中选出最小关键字的记录，都需做 n-i 次比较，因此，总的比较次数为：

$$\sum_{i=1}^{n-1}(n-i) = n(n-1)/2$$

当初始关键字为正序时，不需移动记录，即移动次数为 0；当初始状态为逆序时，每趟排序均要执行交换操作，交换操作需做 3 次移动操作，总共进行 n-1 趟排序，所以，总的移动次数为 3(n-1)次。可见，直接选择排序算法时间复杂度为 O($n^2$)。整个排序过程只需要一个记录大小的辅助存储空间用于记录交换，其空间复杂度为 O(1)。选择排序会使关键字相同的记录交换相对位置，所以选择排序是不稳定的排序方法。

# 9.4　堆排序

堆排序（Heap Sort）是一种发展了的选择排序，它比选择排序的效率要高。在堆排序中，把待排序的文件逻辑上看作是一棵顺序二叉树，并用到堆的概念。在介绍堆排序之前，先引入堆的概念。

假设有一个元素序列，以数组形式存储，对应一棵完全二叉树、编号为 i 的结点就是数组下标为 i 的元素，且具有下述性质：

（1）若 2*i<=n，则 A[i]<=A[2*i]；

（2）若 2*i+1<=n，则 A[i]<=A[2*i+1]。

这样的完全二叉树称为堆。

假如一棵有 n 个结点的顺序二叉树可以用一个长度为 n 的一维数组来表示；反过来，一个有 n 个记录的顺序表示的文件，在概念上可以看作是一棵有 n 个结点的顺序二叉树。例如，一个顺序表示的文件（R1，R2，……，R9），可以看作为图 9-3 所示的顺序二叉树。

若将此序列对应的一维数组看成是一棵完全二叉树按层次编号的顺序存储，则堆的含义表明，完全二叉树中所有非终端结点的值均不小于（或不大于）其左、右孩子结点的值。因此堆顶元素的值必为序列中的最小值（或最大值），即小顶堆（或大顶堆）。

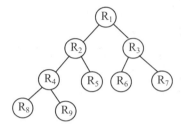

图 9-3　顺序二叉树

如图 9-4 所示，（a）和（b）为堆的两个示例，所对应的元素序列分别为{86,83,21,38,11,9}和{13,38,27,50,76,65,49,97}。

{86,83,21,38,11,9}　　　　　　　{13,38,27,50,76,65,49,97}

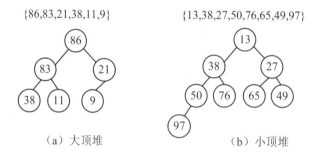

（a）大顶堆　　　　　　　　　　（b）小顶堆

图 9-4　堆排序

对一组待排序的记录，首先把它们的关键字按堆定义排列成一个序列（称为初始建堆），将堆顶元素取出；然后对剩余的记录再建堆，取出堆顶元素；如此反复进行，直到取出全部元素为止，从而将全部记录排成一个有序序列。这个过程称为堆排序。堆排序的关键步骤是如何把一棵顺序二叉树调整为一个堆。

如何将一个无序序列建成一个堆？以小顶堆为例，其具体做法是：把待排序记录存放在数组 R[1..n] 之中，将 R 看作一棵二叉树，每个结点表示一个记录，将第一个记录 R[1] 作为二叉树的根，将 R[2..n] 依次逐层从左到右顺序排列，构成一棵完全二叉树，任意结点 R[i] 的左孩子是 R[2i]，右孩子是 R[2i+1]，双亲是 R[i/2]。

将待排序的所有记录放到一棵完全二叉树的各个结点中。此时所有 $i>\lfloor n/2 \rfloor$ 的结点 R[i] 都没有孩子结点，堆的定义是对非终端结点的限制，即堆只考查有孩子的点，即从完全二叉树的最后一个非终端结点 A[n/2] 到 A[n/2-1]……A[1]。对于 $i=\lfloor n/2 \rfloor$ 的结点 R[i]，比较根结点与左、右孩子的关键字值，若根结点的值大于左、右孩子中的较小者，则交换根结点和值较小孩子的位置，即把根结点下移，然后根结点继续和新的孩子结点比较，如此一层一层地递归下去，直到根结点下移到某一位置时，它的左、右子结点的值都大于它的值或者已成为叶子结点。这个过程称为"筛选"。从一个无序序列建堆的过程就是一个反复"筛选"的过程，"筛选"需要从 $i=\lfloor n/2 \rfloor$ 的结点 R[i]开始，直至结点 R[1]结束。

【例9.4】含8个元素的无序序列(49,38,65,97,76,13,27,50)，请给出其对应的完全二叉树及建堆过程。

因为n=8，n/2=4，所以从第4个结点起至第一个结点止，依次对每一个结点进行"筛选"。如图9-5所示，建立堆的过程如下：

（1）在图9-5（a）中，第4个结点97的左孩子是50，由于97>50，于是应交换结点97和左孩子50的位置，得到图9-5（b）。

（2）接着考虑第n/2-1个结点即第3个结点，左孩子和右孩子分别是50、76,38小于他们，所以不调整。

（3）然后是第2个结点65，左孩子和右孩子分别是13、27，由于65>13并且65>27，所以交换该结点和左孩子的位子，得到图9-5（c）。

（4）考虑第1个结点49，左孩子和右孩子分别是38、13，49>38并且49>13，所以交换该结点和右孩子的位置，得到图9-5（d）。由于交换以后第3个结点不是一个堆了，所以交换第3个结点和右孩子27。

（5）调整过程结束，得到图9-5（e）所示的新堆。

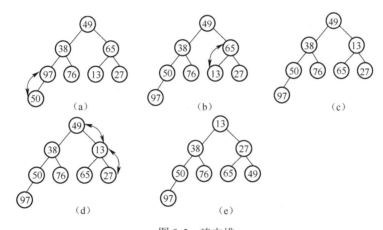

图9-5　建立堆

通过上面的过程可以发现，每次调整都是一结点与左右孩子中小者交换，从最小的子树开始，每一个子树先变成堆，再往上一级对更大子树调整，直至根，在调整过程中子树的根可能被破坏了，又不是堆了，则要重新调整。此时，以堆中最后一个元素替代；然后将根结点值与左、右子树的根结点值进行比较，并与其中较小的进行交换；重复这个操作直至叶子结点为止，将得到新的堆。这个调整过程要从被破坏的子树根开始，由上往下，一直到叶子结点为止全部核查一遍。当全部调整结束，堆才构成。

根据建堆过程示例，建立初始堆的筛选算法描述如下：

```
void Sift(SqList L,int k,int n)
{  //k表示被筛选的结点的编号，n表示堆中最后一个结点的编号
```

```
    int j;
      j=2*k;                              //计算 R[k]的左孩子位置
      L.R[0]=L.R[k];                      //将 R[k]保存在临时单元中
      while(j<=n){                        //若 i 有左孩子
        if((j<n)&&(L.R[j].key>L.R[j+1].key)) j++;    //选择左右孩子中最小者
        if(L.R[0].key>L.R[j].key){        //当前结点大于左右孩子的最小者
          L.R[i]= L.R[j];
    i=j;
    j=2*i;
    }
        else break;                       //当前结点不大于左右孩子
      }
      L.R[i]=L.R[0];                      //被筛选结点放到最终合适的位置上
} //Sift
```

小顶堆建成以后，根结点的位置就是最小关键字所在的位置。对于已建好的堆，可以采用下面两个步骤进行堆排序：

（1）输出堆顶元素：将堆顶元素（第一个记录）与当前堆的最后一个记录对调。

（2）调整堆：将输出根结点之后的新完全二叉树调整为堆。

不断地输出堆顶元素，又不断地把剩余的元素调整成新堆，直到所有的记录都变成堆顶元素输出，最后初始序列成为按照关键字有序的序列，此过程称为堆排序。堆排序的算法描述如下：

```
void Heap_Sort(SqList L)                 //对顺序表 L 作堆排序
{ int j;
    for(j=L.length/2;j>=1;j--)           //建初始堆
    Sift(L,j,L.length);
    for(j= L.length;j>1;j--){            //进行 n-1 趟堆排序
      L.R[0]=L.R[1];                      //将堆顶元素与堆中最后一个元素交换
      L.R[1]=L.R[j];
      L.R[j]=L.R[0];
      Sift(L,l,j-1);                      //将 R[1]... R[j-1]调整为堆
    }
} //Heap_Sort
```

【例 9.5】对例 9.4 中行程的堆进行排序，如图 9-6（a）所示。

首先输出堆顶元素 13，然后将最后一个元素 97 放到顶端，得到图 9-6（b）。

然后比较 97 和左孩子 38、右孩子 27，将右孩子与该结点交换位置。由于交换以后导致第 3 个结点的比它的左右孩子结点都大，所以将第 3 个结点的右孩子 49 与之交换位置，调整堆状态，得到图 9-6（c）。

输出当前的堆顶 27。将最后一个元素 97 放到顶端，得到图 9-6（d）。

将 97 与左孩子 38、右孩子 49 进行比较，将 38 与 97 交换位置。然后调整二叉树状态，

将 38 与它的左孩子 50 交换位置。得到图 9-6（e）。

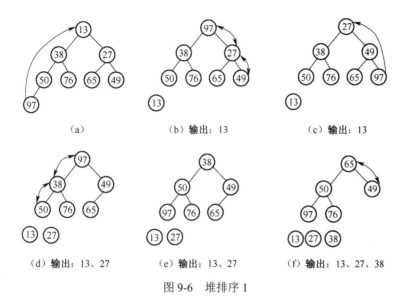

（a）　　　　　　（b）输出：13　　　　　（c）输出：13

（d）输出：13、27　　（e）输出：13、27　　（f）输出：13、27、38

图 9-6　堆排序 1

将堆顶 38 输出，最后一个元素 49 放到顶端，得到图 9-6（f）。然后用同样的方法将剩下所有元素输出，得到图 9-7 和图 9-8 的结果。

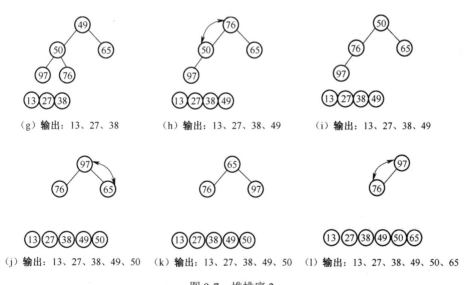

（g）输出：13、27、38　　（h）输出：13、27、38、49　　（i）输出：13、27、38、49

（j）输出：13、27、38、49、50　（k）输出：13、27、38、49、50　（l）输出：13、27、38、49、50、65

图 9-7　堆排序 2

从堆排序的全过程可以看出，它所需的比较次数为建立初始堆所需比较次数和重建新堆所需比较次数之和，即算法 Heap_Sort 中两个 for 语句多次调用算法 Sift 的比较次数的总和。

（m）输出：13、27、38、49、50、65　　　　（n）输出：13、27、38、49、50、65、76

（o）输出：13、27、38、49、50、65、76、97

图 9-8　堆排序 3

先看建立初始堆所需的比较次数，即算法 Heap_Sort 中执行第 1 个 for 语句时调用算法 Sift 的比较次数是多少。假设 n 个结点的堆的深度为 k，即堆共有 k 层结点，由顺序二叉树的性质可知，$2^{k-1} \leqslant n < 2^k$。执行第 1 个 for 语句，对每个非终端结点 $R_i$ 调用一次算法 Sift，在最坏的情况下，第 j 层的结点都下沉 k-j 层到达最底层，根结点下沉一层，相应的孩子结点上移一层需要 2 次比较，这样，第 j 层的一个结点下沉到最底层最多需 2(k-j) 次比较。由于第 j 层的结点数为 2(j-1)，因此建立初始堆所需的比较次数不超过下面的值：

$$\sum_{j=k-1}^{1} 2(k-j) * 2^{j-1} = \sum_{j=k-1}^{1} (k-j) * 2$$

令 p=k-j，则有：

$$\sum_{j=k-1}^{1} (k-j) * 2^j = \sum_{p=1}^{k-1} p * 2^{k-p} = 2^K \sum_{p=1}^{k-1} p / 2^p < 4n$$

其中：2k≤2n，$\sum_{p=1}^{k-1} p / 2^p < 2$。

现在分析重建新堆所需的比较次数，即算法 Heap_Sort 中执行第 2 个 for 语句时，n-1 次调用算法 Sift 总共进行的比较次数。每次重建一个堆，仅将新的根结点从第 1 层下沉到一个适当的层次上，在最坏的情况下，这个根结点下沉到最底层。每次重建的新堆比前一次的堆少一个结点。设新堆的结点数为 I，则它的深度 $k=\lfloor \log_2 i \rfloor + 1$。这样，重建一个有 i 个结点的新堆所需的比较次数最多为 $2(k-1) = 2\lfloor \log_2 n \rfloor$。因此，n-1 次调用算法 adjust 时总共进行的比较次数不超过：

$$2(\lfloor \log_2(n-1) \rfloor + \lfloor \log_2(n-2) \rfloor + \ldots + \lfloor \log_2 2 \rfloor) < 2n\lfloor \log_2 n \rfloor$$

综上所述，堆排序在最坏的情况下，所需的比较次数不超过 $O(n\log_2 n)$，显然，所需的移动次数也不超过 $O(n\log_2 n)$。因此，堆排序的时间复杂度为 $O(n\log_2 n)$。堆排序是不稳定的排序方法。

# 9.5　快速排序

任意选取记录序列中的一个记录作为基准记录 $R_i$（一般可取第一个记录 $R_1$），把它和所有待排序记录比较，将所有比它小的记录都置于它之前，将所有比它大的记录置于它之后，这一个过程称为一趟快速排序。

快速排序由霍尔（Hoare）提出，快速排序是一种平均比较次数最小的排序法，是目前内部排序中速度最快的，特别适合于大型表的排序。

快速排序法的基本策略是从表中选择一个中间的分隔元素（开始通常取第一个元素），该分隔元素把表分成两个子表，一个子表中的所有元素都小于该分割元素，另一个子表中所有元素等于或大于该分隔元素，然后对各子表再进行上述过程，将子表分成更小的子表，每次分隔形成的两个子表内部是无序的，但两个子表相对分隔元素是有序的。最终，子表缩小为一个元素，元素间就变成有序的了。

快速排序的算法如下：

```
int Partition(Sqlist L,int low,int high)
{  //交换顺序表 L 中子表 L.r [low..high]的记录，使支点记录到位，并返回其所在的位置，此时在它
   //之前的记录均不大于它，在它之后的记录均不小于它
   int i,j;
i=low;   j=high;
L.R[0]=L.R[i];                        //初始化，L.R[i]为基准记录，暂存入 L.R[0]中
while(i<j){                           //从序列两端交替向中间扫描
       while(i<j&&L.R[0].key<=L.R[j].key) j--;   //扫描比基准记录小的位置
L.R[i]=L.R[j];                        //将比基准记录小的记录移到低端
while (i<j&&L.R[i].key<=L.R[0].key) i++;   //扫描比基准记录大的位置
L.R[j]=L.R[i];                        //将比基准记录大的记录移到高端
}
L.R[i]=L.R[0];                        //基准记录到位
return i;                             //返回基准记录位置
}
void QuickSort (Sqlist L,int low,int high)
{ int k;
   if(low<high){
k=Partition(L,low,high);              //调用一趟快速排序算法将顺序表一分为二
QuickSort(L,low,k-1);                 //对低端子序列进行快速排序，k 是支点位置
QuickSort(L,k+1,high);                //对高端子序列进行快速排序
}
} //QuickSort
```

【例 9.6】已知一个无序序列，其关键字值为{ 49，38，65，97，76，13，27，49}的记录序列，给出进行快速排序的过程，如图 9-9 所示。

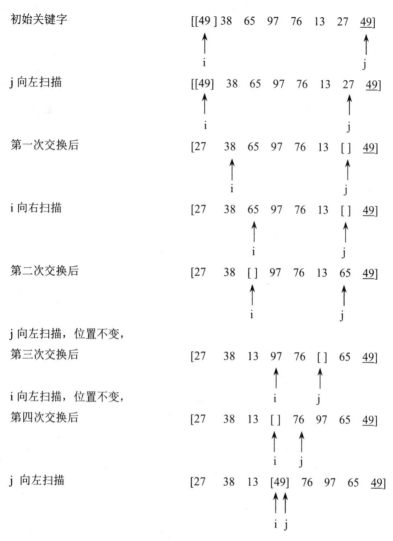

图9-9　快速排序依次划分过程

每次排序之后的状态如下：

初始关键字：　　　[49　38　65　97　76　13　27　<u>49</u>]

一趟排序之后：　　[27　38　13]　49　[76　97　65　<u>49</u>]

二趟排序之后：　　[13]　27　[38]　49　[<u>49</u>65]　76　[97]

三趟排序之后：　　　13　27　38　49　<u>49</u>　[65]　76　97

最后的排序结果：　13　27　38　49　<u>49</u>　65　76　97

快速排序的最坏情况是第次划分选取的基准都是当前无序区中关键字最小（或最大）的记录，划分的基准左边的无序子区为空（或右边的无序子区为空），而划分所得的另一个非空的无序子区中记录数目，仅仅比划分前的无序区中记录个数减少一个。因此，快速排序必须做 n-1 趟，每一趟中需进行 n-i 次比较，故总手工艺比数次数达到最大值：

$$C_{max}=\sum(n-i)=n(n-1)/2=O(n^2)$$

显然，如果按上面给出的划分算法，每次取当前无序区的第 1 个记录为基准，那么当文件的记录已按递增序（或递减序）排列时，每次划分所取的基准就是当前无序区中关键字最小（或最大）的记录，则快速排序所需的比较次数反而最多。

在最好情况下，每次划分所取的基准都是当前无序区的"中值"记录，划分的结果是基准的左、右两个无序子区的长度大致相等地。设 C(n)表示对长度为 n 的文件进行快速排序所需的比较次数，显然，它应该等于对长度为 n 的无序区进行划分所需的比较次数 n-1，加上递归地对划分所得的左、右两个无序子区（长度≤n/2）进行快速排序所需的比较总次数。假设文件长度 n=2k，那么总的比较次数为：

$$C(n)\leqslant n+2C(n/2)$$
$$\leqslant n+2[n/2+2C(n/22)]=2n+4C(n/22)$$
$$\leqslant 2n+4[n/4+2C(n/23)]=3n+8C(n/23)$$
$$\leqslant\cdots\cdots$$
$$\leqslant kn+2kC(n/2k)=nlog_2n+nC(1)$$
$$=O(nlog_2n)$$

**注意**：式中 C(1)为一常数，k=$log_2n$。

因为快速排序的记录移动次数不大于比较的次数，所以，快速排序的最坏时间复杂度应为 $O(n^2)$，最好时间复杂度为 $O(log_2n)$。为了改善最坏情况下的时间性能，可采用三者取中的规则，即在每一趟划分开始前，首先比较 R[1].key、R[h].key 和 R[(1+h)/2].key，令三者中取中值的记录和 R[1]交换之。

可以证明：快速排序的平均时间复杂度也是 $O(nlog_2n)$，它是目前基于比较的内部排序方法中速度最快的，快速排序亦因此而得名。

快速排序需要一个栈空间来实现递归。若每次划分均能将文件均匀分割为两部分，则栈的最大深度为[$log_2n$]+1，所需栈空间为 $O(log_2n)$。最坏情况下，递归深度为 n，所需栈空间为 O(n)。快速排序是不稳定的。

## 9.6 归并排序

归并排序（Merge Sort）也是一种常用的排序方法，"归并"的含义是将两个或两个以上的有序序列合并成一个新的有序序列。假设初始序列含有 n 个记录，则可看成是 n 个有序子序列，每个子序列的长度为 1，然后两两归并，得到 n/2 个长度为 2（最后一个序列的长度可能小于 2）的有序子序列；再两两归并，如此重复，直至得到一个长度为 n 的有序序列为止，每一次归并过程称为一趟归并排序，这种排序方法称为 2 路归并排序。2 路归并排序的核心是如何将相邻的两个有序序列归并成一个有序序列。类似地也可以有"3 路归并排序"或"多路归并排序"。

【例 9-7】设待排序的记录初始序列为 {20，50，70，30，10，40，60}，用 2 路归并排序法对其进行排序。

初始关键字：　　[20]　[50]　[70]　[30]　　[10]　[40]　[60]

第一趟归并后：　[20　50]　[30　70]　　[10　40]　[60]

第二趟归并后：　[20　30　50　70]　　[10　40　60]

最后一趟归并结果：[10　20　30　40　50　60　70]

下面来介绍归并排序的算法。

1. 两个有序序列的归并算法

设线性表 L.R[low..m] 和 L.R[m+1..high] 是两个已排序的有序表，存放在同一数组中相邻的位置上，将它们合并到一个数组 L1.R 中，合并过程如下：

（1）比较两个线性表的第一个记录，将其中关键字值较小的记录移入表 L1.R（如果关键字值相同，可将 L.R[low..m] 的第一个记录移入 L1.R 中）。

（2）将关键字值较小的记录所在线性表的长度减 1，并将其后继记录作为该线性表的第一个记录。

（3）反复执行过程 1 和 2，直到两个线性表中的一个成为一个空表，然后将非空表中剩余的记录移入 L1.R 中，此时 L1.R 成为一个有序表。

算法描述如下：

```
void Merge(Sqlist L,Sqlist L1,int low,int m,int high)
{  //L.R[low..m]和L.R[m+1..high]是两个有序表
int i=low,j=m+1,k=low;
//k 是 L1.R 的下标，i、j 分别为 L.R[low..m]和 L.R[m+1..high]的下标
while(i<=m&&j<=high){      //在 L.R[low..m]和 L.R[m+1..high]均未扫描完时循环
 if(L.R[i].key<=L.R[j].key){   //将 L.R[low..m]中的记录放入 L1.R 中
      L1.R[k]=L.R[i];
i++;
k++;
}
else{   //将 L.R[m+1..high]中的记录放入 L1.R 中
L1.R[k]=L.R[j];
j++;
k++;
}
}
while(i<=m){   //将 L.R[low..m]余下部分复制到 L1.R 中
```

```
L1.R[k]=L.R[i];
i++;
k++;
}
while(j<=high){    //将 L.R[m+1..high]余下部分复制到 L1.R 中
L1.R[k]=L.R[j];
j++;
k++;
}
}
```

2．一趟归并排序的算法

一趟归并排序是将若干个长度为 m 的相邻的有序子序列，由前至后依次两两进行归并，最后得到若干个长度是 2m 的相邻有序的序列，但可能存在最后一个子序列的长度小于 m，以及子序列的个数不是偶数这两种情况：

（1）若剩下一个长度为 m 的有序子表和一个长度小于 m 的子表，则使用前面的有序归并的方法归并排序。

（2）若子序列的个数不是偶数，只剩下一个子表，其长度小于等于 len，此时不调用算法 Merge()，只需将其直接放入数组 L1.R 中，准备进行下一趟归并排序。

一趟归并排序算法描述如下：

```
void MergePass(Sqlist L,Sqlist L1,int m, int n)
{    //对 L 进行一趟归并排序，结果存在 L1 中
int i=0,j;
while(i+2*m-1<n){
Merge(L,L1,i,i+m-1,i+2*m-1);              //两个子序列长度相等的情况
i=i+2*m;
}
  if(i+m-1<n-1)                            //剩下的两个子序列中，其中一个长度小于 m
    Merge(L,L1,i,i+m-1,n-1);              //归并两个有序表
  else                                    //子序列的个数为奇数
    for(j=i;j<n;j++) L1.R[j]=L.R[j];     //复制最后一个子序列
}
```

3．2 路归并排序算法

2 路归并排序其实上就是不断调用一趟归并排序，只需要在子序列的长度 m 小于 n 时，不断地调用一趟归并排序算法 MergePass()，每调用一次，m 增大一倍就可以了，其中 m 的初值是 1。

其算法如下：

```
void Merge_Sort(Sqlist L,Sqlist L1,int n)
{/*对 L 进行 2 路归并排序，结果仍在 L 中*/
  int m=1;
    while (m<n){
  MergePass(L,L1,m,n);              //一趟归并，结果在 L1 中
```

```
m=2*m;
MergePass(L1,L,m,n);              //再次归并，结果在 L 中
m=2*m;
}
}
```

在算法中每趟排序的数据存储在临时的顺序表 L1 中，所以在每趟排序结束后，需要将排序的结果再返回到 L 中。

在上述算法中，第二个调用语句 MergePass 前并未判定 m>n 是否成立，若成立，则排序已完成，但必须把结果从 L1 复制到 L 中。而当 m>n 时，执行 MergePass（L1，L，m，n）的结果正好是将 L1 中唯一的有序文件复制到 L 中。

显然，第 i 趟归并后，有序子文件长度为 2，因此，对于具有 n 个记录的文件排序，必须做 $\lceil \log_2 n \rceil$ 趟归并，每趟归并所花的时间是 O(n)，所以，2 路归并排序算法的时间复杂度为 O(nlog2n)。算法中辅助数组 R1 所需的空间是 O(n)。2 路归并排序是稳定的。

# 9.7　基数排序

前面介绍的排序方法都是根据关键字的值（单关键字）排序的大小来进行的。本节介绍的方法是按组成关键字的各个位置的值（多关键字）来实现的排序的，这种方法称为基数排序（Radix Sort）。显然，多关键字排序是按一定规律将每一个关键字按其重要性排列，如选按系排列，系内再按专业序号递增排序。采用基数排序法需要使用一批桶（或箱子），故这种方法又称为桶排序列。

下面以十进制数为例来说明基数排序的过程。

假定待排序文件中所有记录的关键字为不超过 d 位的非负整数，从最高位到最低位（个位）的编号依次为 1，2，…，d。设置 10 个队列（即上面所说的桶），它们的编号分别为 0，1，2，…，9。当第一遍扫描文字时，将记录按关键字的个位（即第 d 位）数分别放到相应的队列中：个位数为 0 的关键字，其记录依次放入 0 号队列中 i 个位数为 1 的关键字，其记录放入 1 号队列中…；个位数为 9 的关键字，其记录放入 9 号队列中。这一过程叫做按个位数分配。现在把这 10 个队列中的记录，按 0 号、1 号…9 号队列的顺序收集和排列起来，同一队列中的记录按先进先出的次序排列。这是第 1 遍。第 2 遍排序使用同样的办法，将第 1 遍排序后的记录按其关键字的十位数（第 d-1 位）分配到相应的队列中，再把队列中的记录收集和排列起来。继续进行下去。第 d 遍排序时，按第 d-1 遍排序后记录的关键字的最高位（第 1 位）进行分配，再收集和排列各队列中的记录，医得到了原文件的有序文件，这就是以 10 为基的关键字的基数排序法。

【例 9-8】给定序列{256，129，068，903，589，183，555，249，007，083}，请使用基数排序对该序列进行排序。

以静态链表存储待排记录，头结点指向第一个记录。链式基数排序过程如图 9-10 至 9-13 所示。

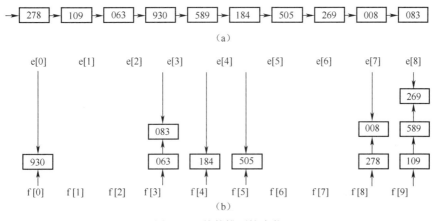

图 9-10　基数排列按个位

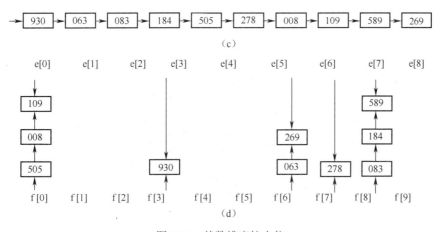

图 9-11　基数排序按十位

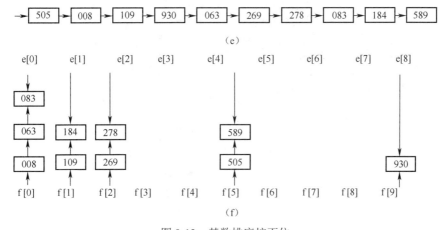

图 9-12　基数排序按百位

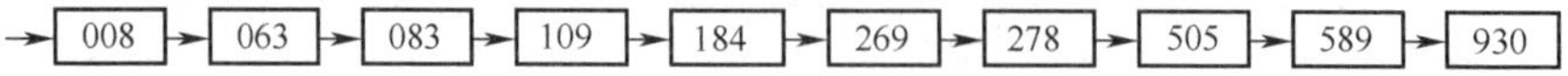

```
→[008]→[063]→[083]→[109]→[184]→[269]→[278]→[505]→[589]→[930]
```
(g)

图 9-13　基数排序完成

图 9-10（a）为初始记录的静态链表。图 9-10（b）为第一趟按个位数分配，其中修改结点指针域，将链表中的记录分配到相应链队列中。

图 9-10（c）为第一趟收集，将各队列链接起来，形成单链表。图 9-10（d）为第二趟按十位数分配，修改结点指针域，将链表中的记录分配到相应链队列中。

图 9-10（e）为第二趟收集，将各队列链接起来，形成单链表。图 9-10（f）为第三趟按百位数分配，修改结点指针域，将链表中的记录分配到相应链队列中。

最后图 9-10（g）为第三趟收集：将各队列链接起来，形成单链表。此时，序列已有序。
基数排序的算法如下所示：

```
#define MAX_KEY_NUM 8                 /*关键码项数最大值*/
#define RADIX 10                      /*关键码基数，此时为十进制整数的基数*/
#define MAX_SPACE 1000                /*分配的最大可利用存储空间*/
typedef struct{
    KeyType keys[MAX_KEY_NUM];        /*关键码字段*/
    InfoType otheritems;              /*其他字段*/
    int next;                         /*指针字段*/
    }NodeType;                        /*表结点类型*/
typedef    struct{
    NodeType r[MAX_SPACE];            /*静态链表，r[0]为头结点*/
    int keynum;                       /*关键码个数*/
    int length;                       /*当前表中记录数*/
        }L_TBL;                       /*链表类型*/
typedef    int    ArrayPtr[radix];    /*数组指针，分别指向各队列*/

void    Distribute(NodeType *s，int i，ArrayPtr *f，ArrayPtr *e)
{ /*分配算法，静态链表 ltbl 的 r 域中记录已按(kye[0]，keys[1]，…，keys[i-1])有序)*/
/*本算法按第 i 个关键码 keys[i]建立 RADIX 个子表，使同一子表中的记录的 keys[i]相同*/
/*f[0…RADIX-1]和 e[0…RADIX-1]分别指向各子表的第一个和最后一个记录*/
    for(j=0；j<RADIX；j++) f[j]=0;     /*各子表初始化为空表*/
    for(p=r[0].next；p；p=r[p].next)
    {   j=ord(r[p].keys[i]);          /*ord 将记录中第 i 个关键码映射到[0…RADIX-1]*/
        if(!f[j])   f[j]=p;
    else    r[e[j]].next=p;
        e[j]=p;                       /*将 p 所指的结点插入到第 j 个子表中*/
    }
}

void    Collect(NodeType *r，int i，ArrayPtr f，ArrayPtr e)
{/*收集算法，本算法按 keys[i]自小到大地将 f[0…RADIX-1]所指各子表依次链接成一个链表*e[0…
```

RADIX-1]为各子表的尾指针*/

```
        for(j=0; !f[j]; j=succ(j));            /*找第一个非空子表，succ 为求后继函数*/
        r[0].next=f[j]; t=e[j];                /*r[0].next 指向第一个非空子表中第一个结点*/
        while(j<RADIX)
        {    for(j=succ(j); j<RADIX-1&&!f[j]; j=succ(j));    /*找下一个非空子表*/
             if(f[j])  {r[t].next=f[j]; t=e[j]; }            /*链接两个非空子表*/
        }
        r[t].next=0;    /*t 指向最后一个非空子表中的最后一个结点*/
}
void   RadixSort(L_TBL *ltbl)
{    /*基数排序算法，对 ltbl 作基数排序，使其成为按关键码升序的静态链表，ltbl->r[0]为头结点*/
     for(i=0; i<ltbl->length; i++)  ltbl->r[i].next=i+1;
     ltbl->r[ltbl->length].next=0;               /*将 ltbl 改为静态链表*/
     for(i=0; i<ltbl->keynum; i++)               /*按最低位优先依次对各关键码进行分配和收集*/
     {    Distribute(ltbl->r, i, f, e);          /*第 i 趟分配*/
          Collect(ltbl->r, i, f, e);             /*第 i 趟收集*/
     }
}
```

基数排序所需的计算时间不仅与文件的大小 n 有关，而且还与关键字的位数 d、关键字的基 r 有关。基数排序的时间复杂度为 $O(d(n+r))$，其中，一趟分配时间复杂度为 $O(n)$，一趟收集时间复杂度为 $O(radix)$，共进行 d 趟分配和收集。基数排序所需的辅助存储空间为 $O(n+rd)$，需要 2*radix 个指向队列的辅助空间，以及用于静态链表的 n 个指针。基数排序是稳定的。

# 9.8   外部排序

外部排序基本上由两个相对独立的阶段组成。首先，按可用内存大小，将外存上含 n 个记录的文件分成若干长度为 l 的子文件或段（segment），依次读入内存并利用有效的内部排序方法对它们进行排序，并将排序后得到的有序子文件重新写入外存，通常称这些有序子文件为归并段或顺串（run）；然后对这些归并段进行逐趟归并，使归并段（有序的子文件）逐渐由小至大，直至得到整个有序文件为止。显然，第一阶段的工作是前面已经讨论过的内容。本节主要讨论第二阶段即归并的过程。先从一个具体例子来看外排中的归并是如何进行的？

假设有一个含 10000 个记录的文件，首先通过 10 次内部排序得到 10 个初始归并段 $R_1$～$R_{10}$，其中每一段都含 1000 个记录。然后对它们作如图 9-14 所示的两两归并，直至得到一个有序文件为止。

从图 9-14 可见，由 10 个初始归并段到一个有序文件，共进行了四趟归并，每一趟从 m 个归并段得到[m/2]个归并段，这种归并方法称为 2 路平衡归并。

将两个有序段归并成一个有序段的过程，若在内存进行则很简单，上一节中的 merge 过程便可实现此归并。但是在外部排序中实现两两归并时，不仅要调用 merge 过程，而且要进行外存的读/写，这是由于不可能将两个有序段及归并结果段同时存放在内存中的缘故。在前面的内容中已经提到，对外存上信息的读/写是以"物理块"为单位的。假设在上例中每个物理块可以容纳 200 个记录，则每一趟归并需进行 50 次"读"和 50 次"写"，四趟归并加上内部排序时所需进行的读/写使得在外排中总共需进行 500 次的读/写。

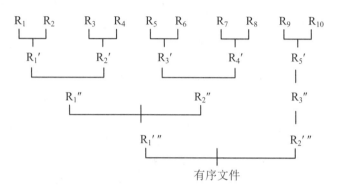

图 9-14　外部排序

一般情况下，外部排序所需总的时间=内部排序（产生初始归并段）所需的时间（$m*t_{IS}$）+外部信息读写的时间（$d*t_{IO}$）+内部归并所需的时间（$s*ut_{mg}$）

其中：$t_{IS}$ 是为得到一个初始归并段进行内部排序所需时间的均值；$t_{IO}$ 是进行一次外存读/写时间的均值；$ut_{mg}$ 是对 u 个记录进行内部归并所需时间；m 为经过内部排序之后得到的初始归并段的个数；s 为归并的趟数；d 为总的读/写次数。由此，上例 10000 个记录利用 2 路归并进行外排所需总的时间为：

$$10*t_{IS}+500*t_{IO}+4*10000\ t_{mg}$$

其中 $t_{IO}$ 取决于所用的外部设备，显然，$t_{IO}$ 较 $t_{mg}$ 要大得多。因此，提高外排的效率应主要着眼于减少外存信息读写的次数 d。

下面来分析 d 和"归并过程"的关系。若对上例中所得的 10 个初始归并段进行 5 路平衡归并（即每一趟将 5 个或 5 个以下的有序子文件归并成一个有序子文件），则从图 9-15 可见，仅需进行两趟归并，外排时总的读/写次数便减至 2*100+100=300，比 2 路归并减少了 200 次的读/写。

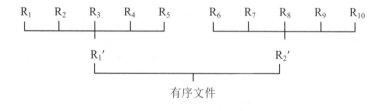

图 9-15　外部排序归并过程

可见，对同一文件而言，进行外排时所需读/写外存的次数和归并的趟数 s 成正比。而在一般情况下，对 m 个初始归并段进行 k 路平衡归并时，归并的趟数为：

$$s = [\log_k m]$$

可见，若增加 k 或减少 m 便能减少 s。

## 9.9　各种排序方法的比较

迄今为止，已有的排序方法远远不止本章讨论的这些方法，人们之所以热衷于研究多种排序方法，不仅是由于排序在计算机中所处的重要地位，而且还因为不同的方法各有其优缺点，可适用于不同的场合。选取排序方法时需要考虑的因素有：待排序的记录数目 n、记录本身信息量的大小、关键字的结构及分布情况、对排序稳定性的要求、语言工具的条件、辅助空间的大小等。依据这些因素，可得出如下几点结论：

（1）若 n 较小（譬如 n≤50），可采用直接插入排序或直接选。由于直接插入排序所需记录移动操作较直接选择排序多，因此若记录本身信息量较大时，则选用直接选择排序为宜。

（2）若文件的初始状态已是按关键字基本有序，则选用直接插入排序为宜。

（3）若 n 较大，则应采用的排序方法为快速排序、堆排序或归并排序。快速排序是目前基于内部排序的中被认为是最好的方法，当排序的关键字是随机分布时，快速排序的平均时间最少，但堆排序所需的辅助窖少于快速排序，并且不会出现序可能出现的最坏情况，这两种排序方法都是不稳定的，若要求排序稳定则可选用归并排序。但本文章结合介绍的单个记录起进行两两归并排算法并不值得提倡，通常可以将它和直接排序结合在一起用。先利用直接插入排序求得的子文件，然后再两两归并之。因为直接插入排序是稳定的，所以改进后的归并排序是稳定的。

（4）在基于比较的排序方法中，每次比较两个关键字的大小之后，仅仅出现两种可能的转移，因此可以利用一棵二叉树来描述比较判定过程，由此可以证明：当文件的 N 个关键字分布时，任何借助于比较的排序算法，至少要更多的时间，由于箱排序和基数排序只需一步就会引起 M 种可能的转移，即把一个记录半装入 M 个箱子之一，因此在一般情况下，箱排序和基排序可能在时间内完成对 N 个记录的。但是，箱排序和基排序只适用于像字符串和整数这类有明显的结构特征的关键字，当关键字的取值范围属于某个无穷集合时，无法使用箱排序和基排序，这时只有借助于比较方法来排序。由此可知，若 N 较大，记录的关键字倍数较少时且可以分解时采用排序较好。

（5）前面讨论的排序算法，除排序外都是在一维数组上实现的，当记录本身信息量较大时，为了避免浪费大量时间移动记录，可以用链表作为存储结构，如插入排序和归并排序都易于在链表上实现，并分别称之为表和归并表，但有的方法，如快速排序和堆排序，在链表上难于实现，在这种情况下，可以提取关键字建立索引表，然后对索引表进行排序。

前面讲到的排序方法按平均的时间性能来分，有三类排序方法：

（1）高效排序方法——时间复杂度为 O(nlogn) 的方法。

快速排序、堆排序。但实验结果表明，就平均时间性能而言，快速排序是所有排序方法中最好的。若待排序的记录个数 n 值较大时，应选用快速排序法。但若待排序记录关键字有"有序"倾向时，就慎用快速排序，而宁可选用堆排序。

（2）简单排序方法——时间复杂度为 O(n²) 的方法。

插入排序和选择排序，其中以插入排序为最常用，特别是对于已按关键字基本有序排列的记录序列尤为如此,选择排序过程中记录移动次数最少;简单排序一般只用于 n 较小的情况。当序列中的记录"基本有序"时，直接插入排序是最佳的排序方法，常与快速排序、 归并排序等其他排序方法结合使用。

（3）基数排序方法——时间复杂度为 O(n) 的排序方法。因此，它最适用于 n 值很大而关键字的位数 d 较小的序列。

就平均时间性能而言，快速排序和归并排序有最好的时间性能。相对而言，快速排序速度最快。但快速排序在最坏情况下的时间性能达到了 O(n²)，不如归并排序。

就空间性能来看，直接插入排序、折半插入排序、冒泡排序、简单选择排序要求的辅助空间较小，但时间性能较差。

从稳定性来看，除快速排序和简单选择排序是不稳定的外，其他的几种排序方法都是稳定的。

另外，从待排序记录的个数来看，当待排序记录的个数较少时，采用直接插入排序、折半插入排序或简单选择排序较好；当待排序记录的个数较多时，采用快速排序或归并排序较合适。

综上所述，每一种排序方法各有特点，没有哪一种方法是绝对最优的。我们应根据具体情况选择合适的排序方法，也可以将多种方法结合起来使用。

# 9.10　实训项目九　排序系统

1．问题说明

设计一个排序系统，使之能够操作实现以下功能：

（1）显示需要输入的排序长度及其各个关键字。

（2）初始化输入的排序序列。

（3）显示可供选择的操作菜单。

（4）显示输出操作后的移动次数和比较次数。

（5）显示操作后的新序列。

（6）可实现循环继续操作。

其中包括线性插入排序、快速排序、堆排序、折半插入排序和选择排序 5 种排序算法。

2．算法设计

通过利用前面章节所讲的算法实现。

3. 源代码及关键代码注释

```c
#include<stdio.h>
#include<stdlib.h>
#include<malloc.h>
#define MaxSize 10              //顺序表的最大长度
typedef int KeyType;           //定义关键字的类型为整数类型
typedef int InfoType;          //定义其他类型为整数类型
int ptime=0;
int a=0,b=0,c=0,d=0;           //置快速排序和堆排序的移动和比较次数
typedef  struct
{
    KeyType key;               //关键字项
    InfoType otherinfo;        //其他数据项

}RedType;

typedef struct
{
    RedType r[MaxSize+1];      //r[0]作为监视哨
    int length;                //顺序表长度
}SqList;


void print(SqList    *l)
{
    int i;
    for(i=1;i<=l->length;i++)
        printf("%5d",l->r[i].key);
    printf("\n");
}
//线性插入排序
void InsertSort(SqList    *l,int  m,int  n)
{ //对数组元素 r[1]到 r[l->length]中的 n 个元素进行直接插入排序
 //r[0]中的内容不作为排序数据，作为一个标记又称为监视哨
    int  i,j;
    for(i=2;i<=l->length;i++)            //n-1 次循环
    {
        l->r[0]=l->r[i];                 //将需要插入的值 r[i]赋值给]r[0]，设置监视哨
        j=i-1;
        m++;
        while(l->r[0].key<l->r[j].key&&++n)  //查找插入位置
        {
            l->r[j+1]=l->r[j];           //前值覆盖后值
            j--;
```

```
                m++;
            }
            l->r[j+1]=l->r[0];                      //将原 r[i]中的记录存入第 j+1 个位置
            printf("第%d 趟排序结果为:",i-1);
            print(l);
        }
        printf("线性插入排序的移动次数为：%d,比较次数为：%d\n",m,n);
}

//快速排序

void QuickSort (SqList *l, int Left,int Right)
{
    int i,j,temp;
    i=Left;j=Right;temp=l->r[i].key;    //设置初始的排序区
                                        //将 i 和 j 分别记录待排序区域的最左侧记录和最右侧记录的位置
    while(i<j)
    {
        while (i<j&&temp<=l->r[j].key)      //从右侧开始扫描
        {
            j--;
            b++;
        }                   //找到第一个小于基准记录的数据
        l->r[i]=l->r[j];        //覆盖 l->r[i]
        a++;
        while (i<j&&l->r[i].key<=temp)      //从右侧开始扫描
        {
            i++;
            b++; }          //找到第一个大于基准记录的数据
        l->r[j]=l->r[i];    //覆盖 l->r[j]
        a++;
    }
    l->r[i].key=temp;       //找到正确位置
    a++;
    ptime++;
    printf("第%d 次划分排序为:",ptime);
    print(l);
    if (Left<i-1)
        QuickSort(l,Left,i-1);      //递归调用对左侧分区域再进行快速排序
    if (i+1<Right)
        QuickSort(l,i+1,Right);     //递归调用对右侧分区域再进行快速排序

}
//堆排序
//调整 l->r[x]的关键字使 l->r[x...y]成为一个大堆
```

```
void HeapAdjust(SqList *l, int x,int y)
{
    int j;
    l->r[0]=l->r[x] ;
    for(j=2*x;j<=y;j=j*2)
    {
        if(j<y&&l->r[j].key<l->r[j+1].key)
            ++j;//j 为 key 值较大的记录下标
            d++;
        if(l->r[0].key>l->r[j].key)
        {
            d++;
            break;
        }
        l->r[x]=l->r[j];
        c++;
        x=j;
    }
    l->r[x]=l->r[0];
    c++;
}
//对顺序表 l 进行堆排序
void HeapSort(SqList *l)
{
    int i,j;
    for(i=l->length/2;i>=0;--i)                  //将 l->r[1...i]建成初始堆
        HeapAdjust(l,i,l->length);
    printf("初始序列建成堆：");
    print(l);
    for(j=l->length;j>1;--j)                      //对当前 l->r[1...i]进行堆排序，共做 n-1 趟
    {
        l->r[0]=l->r[j];
        l->r[j]=l->r[1];
        l->r[1]=l->r[0];
        c=c+3;
        HeapAdjust(l,1,j-1);
        printf("第%d 趟建堆结果为:",l->length-j+1);
        print(l);
    }
}
void BinSort (SqList *l,  int length)
//对记录数组 r 进行折半插入排序，length 为数组的长度
{
    int i,j;
    RedType x;
    int low,high,mid;
```

```
        for (i=2; i<=length ; ++i )
        {
                x=l-> r[i];
                low=1;    high=i-1;
                while (low<=high )                                  //确定插入位置
                {
                        mid=(low+high) / 2;
                        if (x.key<l-> r[mid].key)
                                high=mid-1;
                        else
                                low=mid+1;
                }
                for (j=i-1; j>= low; --j)    l->r[j+1]= l->r[j];     //记录依次向后移动
                l->r[low]=x;   /*插入记录*/
                printf("第%d 趟排序结果为:",i-1);
                print(l);
        }
}/*BinSort*/
void SelectSort(SqList *l, int length)
//对记录数组 r 做简单选择排序，length 为数组的长度
{
        int i,j,k;
        int n;
        RedType x;
        n=length;
        for (i=1; i<= n-1; ++i)
        {
                k=i;
                for ( j=i+1; j<= n; ++j)
                        if (l->r[j].key < l->r[k].key )
                                k=j;
                        if ( k!=i)
                        {
                                x= l->r[i];
                                l->r[i]= l->r[k];
                                l->r[k]=x;
                        }
                        printf("第%d 趟排序结果为:",i);
                print(l);
        }
        }   //SelectSort
void main()
{
        int    i,k;
        char    ch='y';
        SqList    *l;
```

```
        l=(SqList *)malloc(sizeof(SqList ));
        while(ch=='y')
        {
                int m=0,n=0;    //置线性插入排序的移动和比较次数
                printf("\n\n\n");
                printf("\t\t~~~~~~~~~~~~~~~~~~~~~~~~~~~~~~~~~~~~~~~~~~~~\n");
                printf("\t\t☆          请选择所需功能:          ☆\n");
                printf("\t\t★          1.线性插入排序           ★\n");
                printf("\t\t★          2.快速排序               ★\n");
                printf("\t\t☆          3.堆排序                 ☆\n");
                printf("\t\t☆          4.折半插入排序           ☆\n");
                printf("\t\t☆          5.选择排序               ☆\n");
                printf("\t\t★          6.退出系统               ★\n");
                printf("\t\t☆★☆★欢迎使用排序管理系统★☆★☆\n");
                printf("\n\n\n");
                printf("请选择: ");
                scanf("%d",&k);
                switch (k)
                {
                case 1:printf("\n 您选择的是线性插入排序: \n");
                        printf("输入要排序列表的长度 n: ");
                        scanf("%d",&l->length);
                        for(i=1;i<=l->length;i++)
                        {
                                printf("输入第%d 个记录的关键字: ",i);
                                scanf("%d",&l->r[i].key);
                        }
                        printf("初始输入序列为: ");
                        print(l);
                        InsertSort(l,m,n);
                        printf("直接插入排序后记录为:");
                        print(l);
                        break;
case 2:printf("\n 您选择的是快速排序: \n");
  printf("输入要排序列表的长度 n: ");
        scanf("%d",&l->length);
  for(i=1;i<=l->length;i++)
  {
  printf("输入第%d 个记录的关键字: ",i);
  scanf("%d",&l->r[i].key);
  }
printf("初始输入序列为: ");
print(l);
QuickSort(l,1,l->length);
printf("快速排序的移动次数为: %d,比较次数为: %d\n",a,b);
printf("快速排序后记录为:");
```

```
print(l);
break;
        case 3:printf("\n 您选择的是堆排序: \n");
printf("输入要排序列表的长度 n: ");
      scanf("%d",&l->length);
for(i=1;i<=l->length;i++)
{
printf("输入第%d 个记录的关键字: ",i);
scanf("%d",&l->r[i].key);
}
printf("初始输入序列为: ");
print(l);
HeapSort(l);
printf("堆排序的移动次数为: %d,比较次数为: %d\n",c,d);
printf("堆排序后记录为: ");
print(l);
break;
case 4:printf("\n 您选择的是折半插入排序: \n");
printf("输入要排序列表的长度 n: ");
      scanf("%d",&l->length);
for(i=1;i<=l->length;i++)
{
printf("输入第%d 个记录的关键字: ",i);
scanf("%d",&l->r[i].key);
}
printf("初始输入序列为: ");
print(l);
  BinSort (l,l->length);
printf("快速排序后记录为:");
print(l);
break;
case 5:printf("\n 您选择的是选择排序: \n");
printf("输入要排序列表的长度 n: ");
      scanf("%d",&l->length);
for(i=1;i<=l->length;i++)
{
printf("输入第%d 个记录的关键字: ",i);
scanf("%d",&l->r[i].key);
}
printf("初始输入序列为: ");
print(l);
  SelectSort(l, l->length);
printf("快速排序后记录为:");
print(l);
```

```
        break;
            case 6:break;
default:printf("没有找到你需要的排序方法");
        break;
}
printf("\n 是否继续操作(y/n):");
getchar();
ch=getchar();
}
}
```

运行结果如图 9-16 所示。

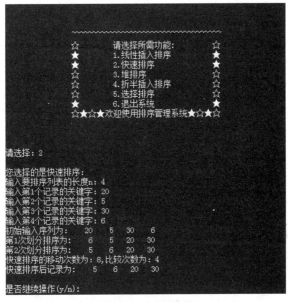

图 9-16　运行结果

 本章小结

　　排序（Sorting）是计算机程序设计中的一种重要操作，它的功能是将一组数据元素（或记录）的任意序列，重新排列成一个按关键字有序的序列。本章主要介绍了排序的概念及其基本思想，排序过程和实现算法，简述了各种算法的时间复杂度和空间复杂度。

　　一个好的排序算法所需要的比较次数和存储空间都应该较少，但从本章讨论的各种排序算法中可以看到，不存在"十全十美"的排序算法，各种方法各有优缺点，可适用于不同的场合。由于排序运算在计算机应用问题中经常碰到，需要我们重点理解各种排序算法的基本思想，熟悉过程及实现算法，以及对算法的分析方法，从而面对实际问题时能选择合适的算法。

1. 请编写一个以单链表为存储结构的插入排序算法。

2. 已知关键字序列为{12，32，45，67，74，83}，请分别用插入排序、选择排序、希尔排序、冒泡排序对其进行排序，并写出排序过程。

3. 请编写一个以单链表为存储结构的选择排序算法。

4. 写出长度分别为 n1，n2，n3 的有序表的 3 路归并排序算法。

5. 已知关键字序列为{24，31，45，6，3，43，0，23，56，78，90}，请用基数排序法对其进行排序，并写出每一趟排序的结果。

6. 上面所介绍的几种排序算法中哪些是稳定的，哪些是不稳定的？

7. 设要将序列（Q，H，C，Y，P，A，M，S，R，D，F，X）中的关键码按字母序的升序重新排列，写出二路归并排序一趟扫描的结果，堆排序初始建小顶堆的结果。

# 参考文献

[1]  严蔚敏，吴伟民．数据结构（C 语言版）．北京：清华大学出版社，1997．

[2]  王路群．数据结构——用 C 语言描述．北京：中国水利水电出版社，2007．

[3]  姚菁．数据结构（C 语言版）．北京：机械工业出版社，2000．

[4]  许卓群．数据结构．北京：中央广播电视大学出版社，2001．

[5]  薛超英．数据结构——用 Pascal 语言、C++语言对照描述算法．武汉：华中理工大学出版社，2000．

[6]  李平．数据结构．北京：电子工业出版社，1986．

[7]  袁蒲佳，龙玉国，杨薇薇．数据结构．武汉：华中理工大学出版社，1991．

[8]  杨秀金．数据结构．西安：西安电子科技大学出版社，2000．

[9]  黄保和．数据结构（C 语言版）．北京：中国水利水电出版社，2000．

[10]  库波．数据结构——用 Java 语言描述．北京：北京理工出版社，2012．